Autodesk Revit

2020 | 建築設計入門 與案例實作

推薦序 | Foreword

現在是數位時代，一切以效率為優先，設計方面也不例外。以往建築師事務所傳統的作業流程主要以 AutoCAD 軟體繪製平面圖、立面圖等 2D 圖面，然後在 SketchUp 繪製建築模型外觀，但在重複修改設計的過程中，還必須同時修改 2D 圖面與 3D 模型，造成冗長的作業流程，除了時間延宕，也有圖面修改出錯的可能性。

現今主流的 BIM 作業程序，在導入 Revit 作業流程後，只需要繪製 3D 建築模型，即可產出平面、立面、剖面、細部詳圖等圖面，再套用樣板的設定，使各圖面設定一致，且可利用尺寸、標籤…等 2D 標註使圖面完善，符合建築師與結構上的需求。或許某些部分設定較為繁瑣，但只要把握住標準流程規範，Revit 的優勢絕對優於 AutoCAD 與其他 3D 表現軟體的相加總和。

一般來說，學習一套新軟體很容易陷入瓶頸，或是有操作上的困難度，所以許多人在半途就放棄了。邱老師長期致力於直覺式建模與系統化的教學，所以本書以簡易的步驟提供快速學習的方法，相信能讓讀者更輕鬆的跟隨本書完成許多操作，尤其是能成功製作出書末的公寓大樓與小餐廳範例作品，也能領略 REIVT BIM 軟體所帶來的設計便利性與效能表現。誠心推薦此書給有興趣想學習 Revit 軟體的讀者，或是想入門 BIM，並導入 Revit 作業流程的建築相關從業人員。

寬境國際室內設計有限公司

建築師

自序 Preface

Revit 是設計建築專案的新趨勢，從建模方面就可以感受到 Revit 的方便性，Revit 以畫牆、畫門窗來取代傳統的畫線、畫圓的方式，先建立建築的 3D 模型，再由 3D BIM 模型取得樓層的平面圖、立面圖。如果後期建築進行大動作的設計變更，也只需要修改 3D 模型，直接向後傳遞模型資訊，對於整體建築資訊的維護來説更為省時省力。

而且 Revit 整合了建築、結構、MEP 機電的跨領域功能。建築師、結構技師與機電工程師可以共同使用同一套軟體來完成專案，也不會有轉換檔案格式的問題。強大的協同合作功能也讓設計端與現場端能同步運作，讓設計與建造合而為一。

Revit 的用途不只是建立模型，而是可以橫跨整個建築的生命週期，其導入建築資訊模型 (Building Information Modeling，簡稱 BIM) 技術，能夠從規劃設計到竣工，皆使用 Revit 做模擬與交流討論，提早在 Revit 中發現問題並解決問題，節省工期、人力資源以及材料的浪費。在後期的視覺化顯示與模擬方面，搭配 V-Ray 或是 ENSCAPE 可以讓建築模型達到接近現場實拍效果，讓所見即所得成為可能。

本書的閱讀方式，請務必先詳讀第一至五章，熟悉基本操作與建立牆面與門窗，再閱讀後面的章節，而第十二與十三章為建築範例，可以先照著操作，再自行修改設計，完成接近實務的專案。感謝每一位購買本書的讀者，希望您們會喜歡本書的教學內容。對於書中的任何疑問，歡迎來信詢問並期待您的交流討論。

邱聰倚

目 錄 Contents

1

認識 Revit

本章將帶領讀者認識 Revit 介面、滑鼠的使用方式,以及基本操作,最後會建立一個簡易的小房子、配置門窗並繪製屋頂,迅速了解 Revit 的 3D 建模概念。

2

專案的建立與管理

本章介紹專案的建立與儲存、樣板的設定、單位的設定,唯有定時保存檔案,才能放心的進行設計。

3 樓層與網格繪製

樓層線與網格線是建築重要的基準元素，樓層線標示各樓層高度，網格交點通常為柱子中心，牆面皆以此為基準繪製。

4 樑柱、牆、樓板結構繪製

本章介紹如何繪製建築結構、變換族群、編輯類型、材質的方式。樑柱為建築的重要支撐，務必熟悉其建立方式。

5 門窗建立

前人種樹，後人乘涼。Revit 與線上 Autodesk seek 網站有豐富
的族群資源，使得門窗不需要重頭建立，配置與刪除門窗一鍵
完成，只須修改門窗尺寸與位置，非常方便。

6 坡道、樓梯與扶手欄杆

現今大樓數量日益增長，平房減少，且須考慮無障礙設施，樓
梯與坡道已然為必備配置。第一次使用 Revit 或許不習慣設定
樓梯與扶手的方式，但若理解其規律，多練習幾次，相信即可
上手。

7

屋頂建立

本章介紹依跡線建立屋頂、依擠出建立屋頂的兩種方式，來完成不同型式的斜屋頂，並繪製屋頂上的開口。

8

敷地繪製

本章介紹繪製建築周遭的敷地地形，以及放置樹木造景、車子等敷地元件、停車場元件的操作，並介紹如何從 AutoCAD 的等高線圖來建立地形。

9 彩現與穿越

除了施工必備的建築圖面，還必須準備建築 3D 示意圖來展示與理解設計。本章將介紹如何建立相機、彩現效果圖，並製作建築穿越動畫。

10 建築圖圖紙建立

本章介紹平面、立體與剖面圖紙的建立，圖面的尺寸標註，建立門窗明細表，並計算數量。以及，以房間或面積來分類房間，給予不同顏色，製作色彩計畫，使房間狀況一目了然。

11 族群建立

本章將介紹建立族群的建模功能，並以三層櫃範例來說明如何設定參數與材質，使在專案中也能夠使用。在未來參與的專案中，可能會遇到沒有適合族群的窘境，因此建立族群，也是必備的能力之一。

12 綜合案例：社區住宅

本章將介紹如何依照 CAD 平面圖面來建立建築，包括牆面與柱子的建立、載入族群、性質的設定，可以做為初學者重要的綜合功能演練，讓您從無到有建立一棟社區住宅。

13 綜合案例：小餐廳

本章使用修改牆面與建立元件的小技巧，來完成一個有特殊牆面的簡約小餐廳，讀者也可運用此方式，擴大餐廳空間，完成較為複雜的商業空間。

14 量體建立

經過前面的學習歷程，不難發現 Revit 在建立曲面造型牆面的難度，此時需要倚靠量體建模，量體是一種空間中的體積塊，像是堆積木一般，可以更自由的變更外型，本章會介紹量體的建模方式。

▶ 範例下載

本書範例檔、基礎與關鍵操作影音教學，以及附錄 PDF 電子書，請至碁峰網站 http://books.gotop.com.tw/download/AEC010200 下載，檔案為 ZIP 格式，讀者自行解壓縮即可運用。其內容僅供合法持有本書的讀者使用，未經授權不得抄襲、轉載或任意散佈。

1 認識 Revit

1-1 Revit 2020 開啟畫面

01. 開啟 Revit 2020 軟體後，會顯示如下圖畫面：

02. 點擊專案下方的【新建】，建立新專案。

03. 展開【樣板檔案】的下拉式選單，選擇【建築樣板】，點擊【確定】。

1-2 **Revit 介面**

建立新專案後，會顯示出 Revit 完整的介面功能，如下圖：

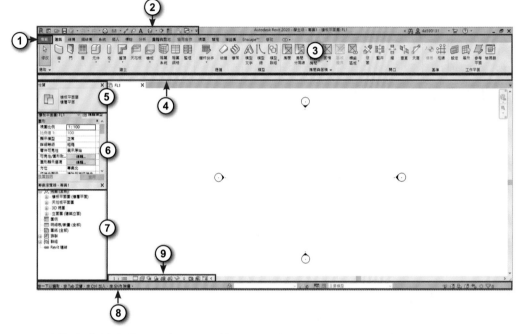

01. 功能表【檔案】：新建、開啟舊檔、存檔、匯出…等基本功能。

02. 快速存取工具列：快速開啟、存檔…等，也可自訂按鈕。

03. 功能區（包括頁籤、面板）：Revit 所有的工具指令。

04. 選項列：繪製之前的選項設定，例如偏移的數值、牆的高度、定位線。

05. 類型選取：選取或編輯使用的族群類型，例如牆、柱。

06. 性質：顯示選取的物件或視圖的性質。

07. 專案瀏覽器：顯示專案的視圖、族群、圖紙…等專案項目。

08. 狀態列：最左側顯示目前操作提示，最右側為選取時的設定。

09. 檢視控制列：隱藏 / 顯示物件、視覺型式、比例、裁剪視圖…等檢視相關設定。

1-3 滑鼠操作

滑鼠左鍵 - 繪製

01. 點擊【建築】頁籤 →【建立】面板 →【牆】。

02. 在畫面中點擊滑鼠左鍵，任意的繪製牆面形狀，如下圖。繪製完成後，按下 Esc 鍵兩次結束指令。

 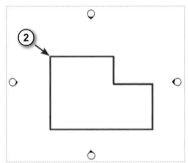

滑鼠滾輪 - 縮放

01. 滑鼠滾輪往後滾，以滑鼠為中心縮小畫面。

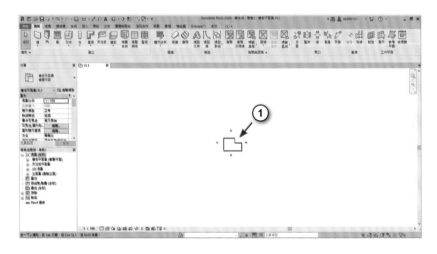

02. 滑鼠滾輪往前滾，以滑鼠為中心放大畫面。

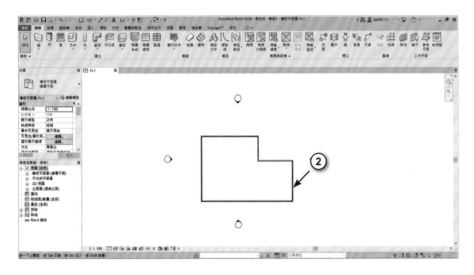

滑鼠中鍵 - 平移

01. 按住滑鼠中鍵，往左邊移動，可以將畫面往左平移。（牆面並無移動，只是視點不同）

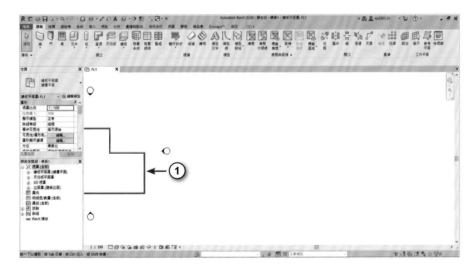

02. 按住滑鼠中鍵，往右邊移動，可以將畫面往右平移。

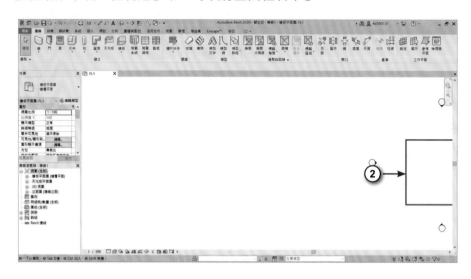

Shift 鍵 + 滑鼠中鍵 - 環轉

01. 上方的快速存取工具列 → 點擊【  】，可切換到 3D 視圖。

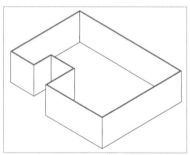

02. 下方的檢視控制列 → 點擊
【  】視覺型式 →【描影】，可
切換成有顏色的顯示方式。

03. 按住 Shift 鍵 + 滑鼠中鍵，往右移動，可以往右環轉視角。（只有 3D 視圖可以做環轉動作）

04. 滑鼠移動到右上角視圖方塊，點擊小房子的圖示，可以回主視圖視角。

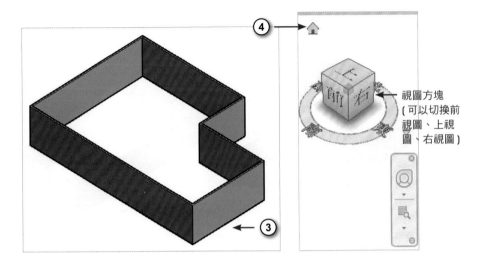

05. 牆面已經回到原本視角。

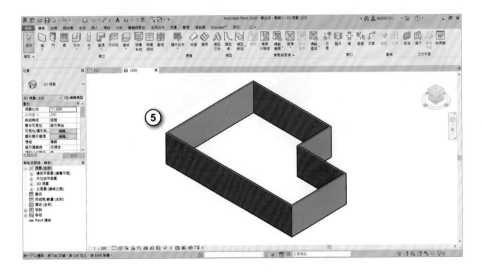

滑鼠左鍵 - 選取

01. 滑鼠移動到牆面邊緣，牆面外框變成藍色，此為預覽選取，預覽將會選取到的物件。

02. 點擊滑鼠左鍵，牆面變成透明藍色，表示已經選取到牆面。

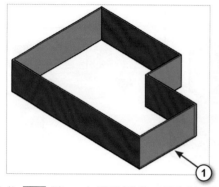
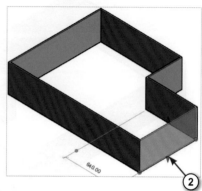

03. 按住 Ctrl 鍵 + 左鍵點選牆，可以加選。

04. 按住 Shift 鍵 + 左鍵點選牆，可以退選。

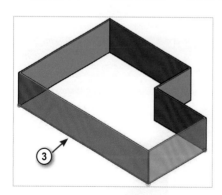
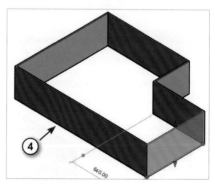

05. 按住滑鼠左鍵由左上往右下拖曳窗選，會出現實線框，只選取包含在實線框內的物件。完成如右下圖。

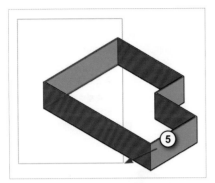
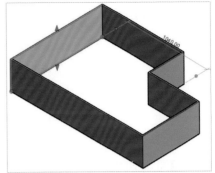

06. 按住滑鼠左鍵由右上往左下拖曳框選，會出現虛線框，可選取被虛線碰到與在虛線框內的物件。完成如右下圖。

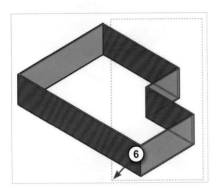
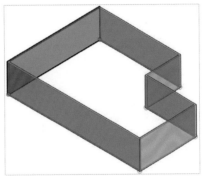

07. 在牆外空白處點擊左鍵（或按下 Esc 鍵），取消選取。

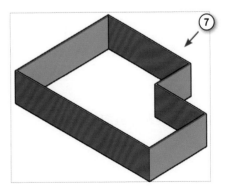

滑鼠右鍵 - 選單

01. 選取一個牆面，點擊滑鼠右鍵→
選擇【建立類似的】。

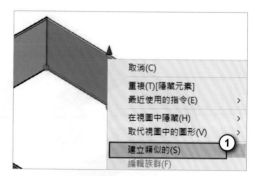

02. 可建立相同類型的牆面，點擊滑
鼠左鍵來繪製，按下 Esc 鍵至
結束。

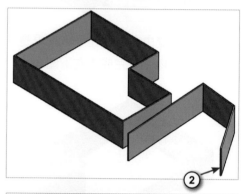

03. 框選剛才繪製的牆面。

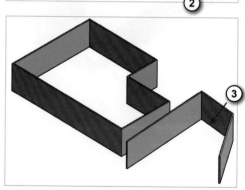

04. 按下 Delete 鍵刪除選取的牆面。

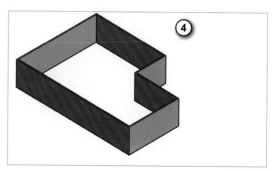

1-4 顯示方式

詳細等級

01. 在專案瀏覽器，點擊【樓板平面圖】左邊加號展開，連續點擊兩次【FL1】，切換到 1 樓的平面圖。

02. Revit 最上方會顯示目前的檔案名稱『專案 1.rvt』，以及目前所在視圖『樓板平面圖：FL1』。

03. 點擊【建築】頁籤 →【建立】面板 →【柱】（結構柱）。

04. 預設使用【UC- 通用柱】的族群類型。

05. 點擊左鍵任意的繪製幾個柱子。出現的黃色警告視窗無須理會，只是提醒柱子在目前視圖看不到。

06. 在專案瀏覽器下方，展開【**3D 視圖**】左邊 + 號→連續點擊兩次【**3D**】，切換到 3D 視圖。

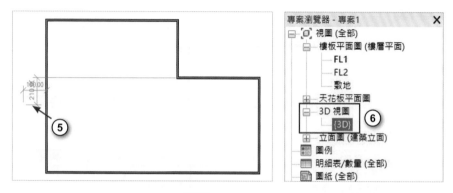

07. 在下方檢視控制列中，點擊【 ▦ (詳細等級)】圖示 →【**粗糙**】。

08. 則此類型的柱子只會顯示一條線。(不同族群情況不同)

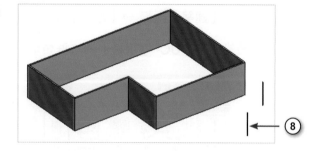

09. 在下方檢視控制列中，點擊【▭（詳細等級）】圖示→【細緻】。

10. 近看觀察柱子，柱子會完整呈現所有細節，但是當柱子數量增多，電腦執行速度會變慢。

 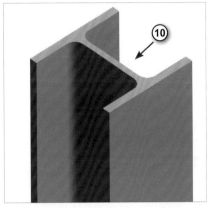

11. 在下方檢視控制列中，點擊【▨（詳細等級）】圖示 →【中等】。

12. 此等級較為常用，柱子外形清楚容易辨識。

 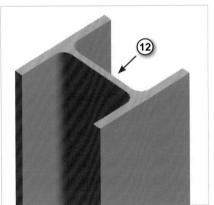

暫時隱藏 / 隔離

01. 點擊其中一個柱子，如右圖所示。

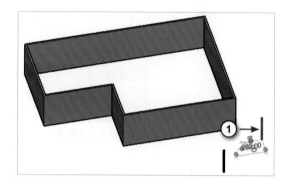

02. 點擊【 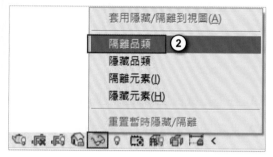 (暫時隱藏 / 隔離) 】→【隔離品類】，如右圖所示。

03. 除了相同品類的物件會留下，其餘將會被隱藏，所有的牆面皆屬於 " 牆品類 "。

💡 **小秘訣**

以窗戶來舉例。窗的 " 品類 "，有雙開窗、落地窗等不同形式的 " 族群 "，每個族群又有 90x120cm、150x120cm 等不同尺寸的 " 類型 "。

04. 再次點擊【  (暫時隱藏 / 隔離) 】→【重置暫時隱藏 / 隔離】。

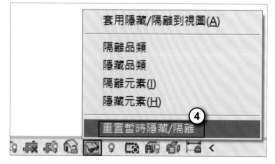

05. 畫面將會恢復到沒有隔離的狀態。繼續點擊其中一個柱子，如右圖所示。

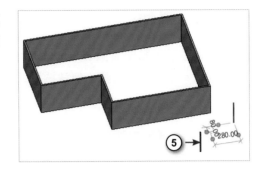

06. 點擊【 （暫時隱藏 / 隔離）】→【隱藏品類】。會將相同品類的物件隱藏，其餘將會留下。

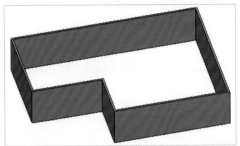

07. 再點擊【 （暫時隱藏 / 隔離）】→【重置暫時隱藏 / 隔離】。畫面將會恢復到原來的狀態。

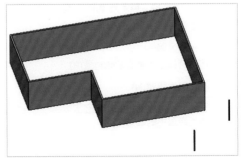

永久隱藏 / 隔離

01. 選取一個柱子，點擊滑鼠右鍵→【在視圖中隱藏】→【品類】，將柱子的品類永久隱藏。此為永久隱藏，無法透過之前的方式復原。

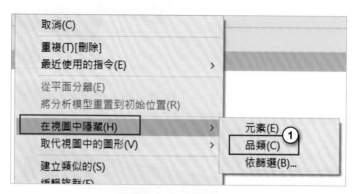

02. 在下方檢視工具列，點擊【 ⑨ （顯示隱藏的元素）】。

03. 選取被隱藏的柱子，點擊滑鼠右鍵 →【在視圖中取消隱藏】→【品類】。

04. 出現對話視窗，點擊【是】。

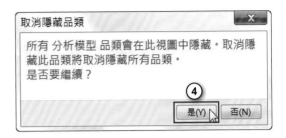

05. 在下方檢視工具列，點擊【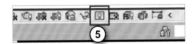 （關閉顯示隱藏的元素）】，可看見已經取消隱藏的柱子。

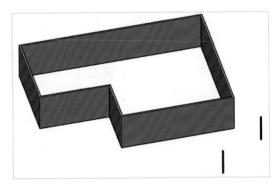

💡 小秘訣

- 暫時隱藏，重新開啟檔案就會恢復原狀。
- 永久隱藏，儲存並重新開啟檔案不會恢復原狀。

1-5 建立第一個 Revit 小房子

屋頂繪製

01. 延續上一小節檔案繼續操作，選取並刪除所有柱子。

02. 在專案瀏覽器，左鍵兩下點擊【FL2】樓板平面圖。

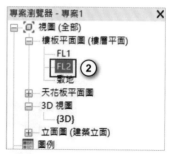

03. 點擊【建築】頁籤 →【建立】面板 →【屋頂】。

04. 選擇【線】的繪製工具，來繪製屋頂輪廓。

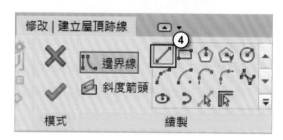

05. 點擊左鍵指定起點，滑鼠往下移動。

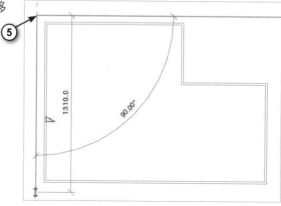

06. 繞著牆外，依序點擊左鍵繪製屋頂輪廓。

07. 最後點擊起點，封閉輪廓。

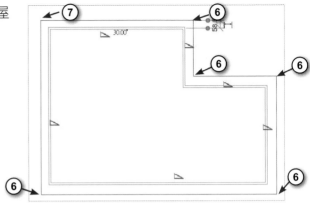

08. 點擊功能區的打勾按鈕，完成屋頂。

09. 出現對話視窗，點擊【是】，使牆面皆連接到屋頂。

10. 在專案瀏覽器，左鍵點擊兩下【3D】，切換到 3D 視圖，完成如右下圖。

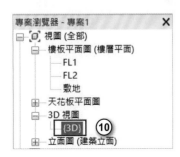

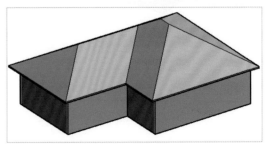

門窗配置

01. 點擊【建築】頁籤 → 【建立】面板 → 【門】。

02. 在性質面板，展開類型選取器，選擇任一尺寸的門類型。

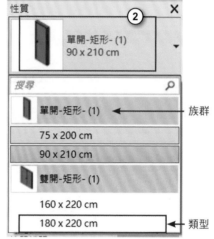

03. 在牆面上點擊左鍵放置門，完成如右下圖。按下 Esc 鍵結束放置門。

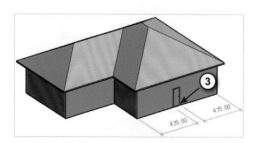
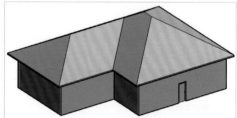

04. 點擊【建築】頁籤→【建立】面板→【窗】。

05. 在性質面板，展開類型選取器，選擇任一尺寸的窗類型。

06. 在牆面上多處位置點擊左鍵放置窗，完成如下圖。按下 Esc 鍵結束放置窗。
完成 Revit 的小房子。

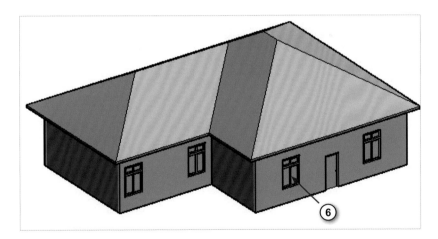

07. 另外，選取不需要的窗戶，按下 Delete 鍵可以刪除窗戶。

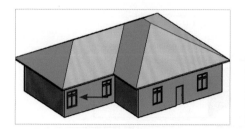

 小秘訣

按下 Ctrl + Z 鍵可復原步驟，再按下 Ctrl + Y 鍵可重做步驟。

2 專案的建立與管理

2-1 存檔方式

01. 延續上一章節檔案繼續操作，在
    上方快速存取工具列。點擊【🖫
    （儲存）】。如果是第一次存檔，
    會出現另存新檔的對話視窗。

02. 如果已經不是第一次存檔，請直
    接點擊功能表【檔案】頁籤 →
    【另存】→【專案】，儲存為一個
    新的檔案。

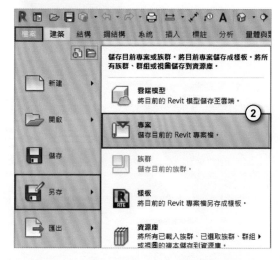

03. 在要存檔的位置建立一個資料夾並命名【MY1】，輸入要存檔的名稱【專案1】。

04. 並點擊【選項】。

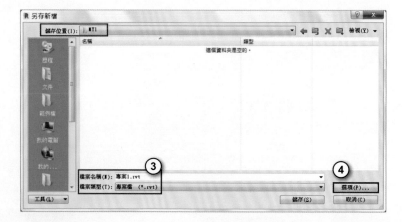

05.【備份的最大數量】輸入「3」，
按下【確定】關閉視窗。

06. 再點擊【儲存】。

07. 開啟檔案總管。此時已經儲存
『專案 1.rvt』檔案。

08. 若再次點擊【■（儲存）】三次，會出現 3 個備份檔。

09. 因為備份數量設定 3，再點擊
【■（儲存）】一次，會覆蓋第
一個備份檔，變成備份檔 0004
的名稱。

10. 不過，不管存幾個備份檔，請注意，『專案 1.rvt』檔案才是最新的檔案。

名稱	類型	大小
專案1.0002.rvt	Revit Project	3,676 KB
專案1.0003.rvt	Revit Project	3,676 KB
專案1.0004.rvt ⑩	Revit Project	3,676 KB
專案1.rvt	Revit Project	3,676 KB

💡 小秘訣

【 🖫 （儲存）】的快捷鍵為「 Ctrl + S 」鍵，請記得隨時儲存。

2-2 視窗切換方式

01. 在上方快速存取工具列，點擊【 （切換視窗）】，可以看見曾經開啟過的視圖，選擇任一視圖可以切換。

02. 點擊【 🗗 （關閉隱藏視窗）】。

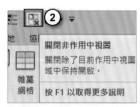

03. 再次點擊【 🗗 （切換視窗）】，每個專案皆只會留下一個視圖。

2-3 新建專案

01. 點擊功能表【**檔案**】頁籤 →【**新建**】→【**專案**】，建立新專案。

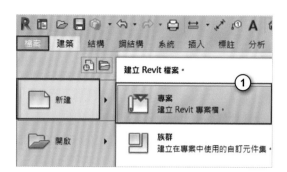

02. 可點擊【**樣板檔案**】下拉式選單，選擇一個內建樣板。

03. 或點擊【**瀏覽**】按鈕，選擇其他樣板。

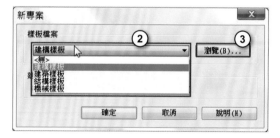

04. 選擇範例檔〈DefaultMetric CHT_2020 建築 .rte〉樣板，按下【**開啟**】。

05. 點擊【確定】，即可使用此樣板
格式，建立新的專案。

 小秘訣

- 【新建專案】快捷鍵為「Ctrl + N」鍵。
- 【開啟舊檔】快捷鍵為「Ctrl + O」鍵。

2-4 常用專案設定

單位設定

01. 點擊【管理】頁籤 →【設定】
面板 →【專案單位】，設定目前
專案的單位。

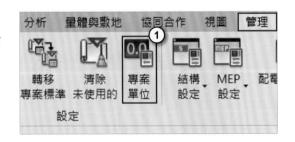

02. 點擊【長度】單位右側的【1235 [mm] 】。

03. 【單位】修改為【公分】。點擊 【確定】到關閉所有視窗。完成 單位設定。

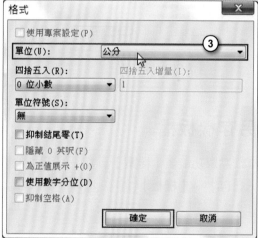

性質、專案瀏覽器不見的解決方式

01. 點擊【視圖】頁籤 →最右側的
【使用者介面】，勾選【性質】、
【專案瀏覽器】即可開啟。

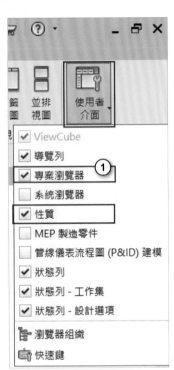

💡 小秘訣

在畫面中按下滑鼠右鍵，勾選【性
質】與【專案瀏覽器】也可以開啟
面板。

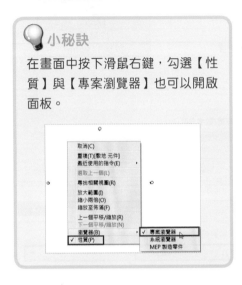

另存樣板檔

01. 點擊功能表【檔案】頁籤 →【另
存】→【樣板】。

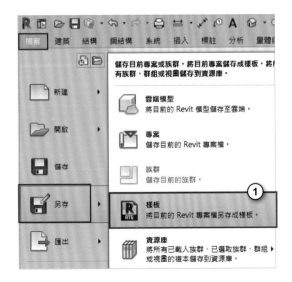

02. 檔案名稱輸入「2020 常用樣板 _ 單位 cm」，點擊【儲存】，完成新樣板檔。

常用樣板檔設定

01. 點擊功能表【檔案】頁籤 → 右下角
【選項】，做 Revit 偏好設定。

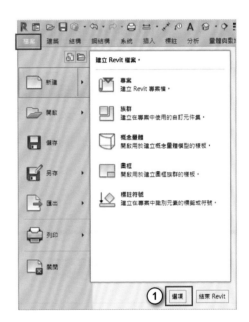

02. 左側點擊【檔案位置】。

03. 右側點擊【 ✚ 】加入樣板。

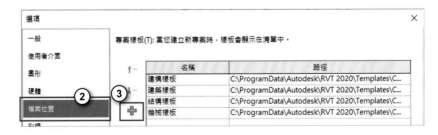

04. 選擇先前建立的〈2020 常用樣板 _ 單位 cm.rte〉樣板檔，點擊【開啟】，完成如下圖。

専案樣板(T): 當您建立新專案時，樣板會顯示在清單中。

	名稱	路徑
	建構樣板	C:\ProgramData\Autodesk\RVT 2020\Templates\C...
	建築樣板	C:\ProgramData\Autodesk\RVT 2020\Templates\C...
	結構樣板	C:\ProgramData\Autodesk\RVT 2020\Templates\C...
	機械樣板	C:\ProgramData\Autodesk\RVT 2020\Templates\C...
④	2020 常用樣板 _ 單位 cm	C:\Users\User\Desktop\2020 常用樣板 _ 單位 cm.rte

05. 點擊功能表【檔案】頁籤 →【新建】→【專案】（或按下「Ctrl + N」），點擊樣板檔案下拉選單，會出現之前新建的樣板檔。

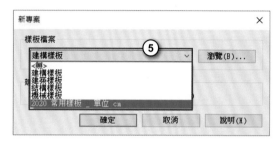

2-5 關閉專案

01. 點擊畫面上方的小打叉按鈕，可關閉一個視圖。若沒有儲存過，會詢問是否存檔。

02. 點擊最右上方的大打叉，則可關閉 Revit 軟體。

2-6 **開啟舊有專案**

01. 重新開啟 Revit 軟體。在快速存取工具列，
點擊【**開啟**】按鈕。

02. 選擇先前儲存的 Revit 小房子檔案，右側有預覽圖可以預覽。點擊【**開啟**】即
可開啟此專案。

3 樓層與網格繪製

樓層線與網格線是建築重要的基準元素，樓層線標示各樓層高度，網格交點通常為柱子中心，牆面皆以此為基準繪製。

3-1 樓層線繪製

樓層線繪製方式

01. 點擊專案下方按鈕【新建…】，開啟一個新的專案。

02. 在視窗中的下拉式選單中點選【建築樣板】→【確定】。

03. 點擊工具列上方【管理】→【專案單位】。

04. 點擊【長度】旁邊的數字欄位，
變更專案的單位。

05. 在單位旁邊的下拉式選單中點擊
【公分】，並在四捨五入的下拉式
選單中點選【0 位小數】。

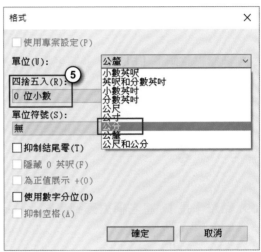

06. 設定完成後按下【確定】。

07. 在專案瀏覽器下方，點擊立面圖
前方的【＋】，並左鍵點擊【北】
兩下。

08. 連續點擊兩下【**FL1**】，並將名稱變更為「樓層 1」，按下 Enter 鍵。

09. 點擊【是】，將名稱對應到專案
瀏覽器下方的名稱。

10. 依相同的方式將【**FL2**】，並將名稱變更為「樓層 2」，按下 Enter 鍵。

11. 在專案瀏覽器下方，點擊樓板平
    面圖前方的【+】，平面圖名稱
    已經變更為「樓層 1」與「樓層
    2」。

12. 連續點擊兩下樓層 2 下方的數字欄位，並將數值變更為「300」，變更樓層高
    度。

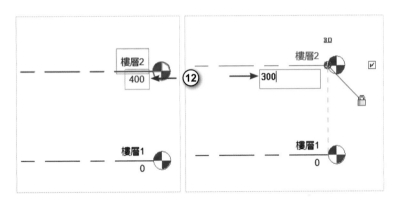

13. 點選【建築】頁籤 →【樓層】。

14. 繪製工具選擇【線】，如圖所示。

15. 移動滑鼠到樓層 2 線段的左上方並對齊樓層 2 的線段，並按下滑鼠左鍵。

16. 將線段往右側移動並對齊下方的
樓層 2，按下滑鼠左鍵。

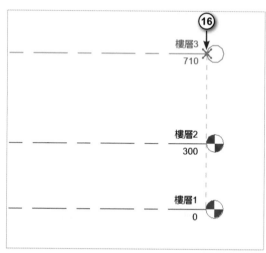

17. 連續點擊兩下樓層 3 下方的高度數值，並將數值變更為「600」。

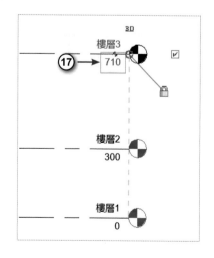
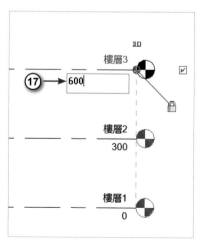

18. 請確認 3 樓的高度為 600，也可以點擊數字再次修改。

19. 繪製工具選擇【點選線】。

20. 在下方偏移欄位中輸入「300」，
將偏移量變更為「300」。

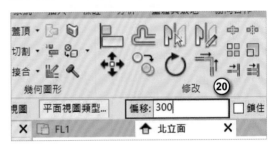

21. 滑鼠移動到樓層 3 線段的上方一點點，將會在上方出現藍色的虛線，預覽將偏
移出的線段。

預覽虛線

22. 點擊滑鼠左鍵即可繪製出樓層 4。

23. 依相同的方式繪製出樓層 5~7。

💡 **小秘訣**

若偏移方向錯誤，可按下 Ctrl +
Z 復原步驟，再重新偏移。

24. 按下 Esc 鍵或點擊【🔧 修改】按鈕
可以結束繪製樓層線。

樓層線修改

01. 延續上一各章節的檔案。

02. 點選樓層 7 或任意一條樓層線的
線段，將右側框框取消勾選。

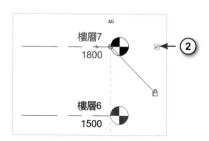

03. 在樓層線的左邊框打勾，可以將
標頭改變到另外一邊。

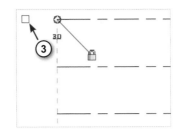

04. 可以再勾選右邊的框，將標頭變更回右邊。

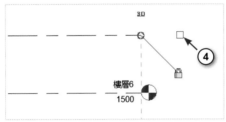 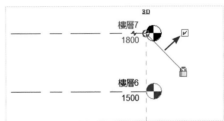

05. 點擊任一樓層線段，並點擊樓層
線中閃電的符號。

06. 可以將樓層線的線段變成彎曲的
折線，如圖所示。

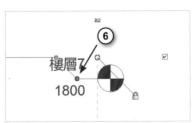

07. 將滑鼠移動到彎曲線的點上,如左下圖。並用拖曳的方式將線段往上移動,如右下圖所示。

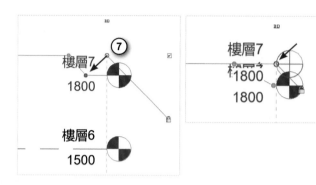

08. 可以將樓層線的線段,拖曳到原來的位置。

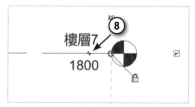

09. 點擊樓層線前方的圓點位置,並往左右移動可以同時變更所有樓層線段的長度。

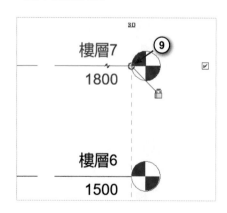

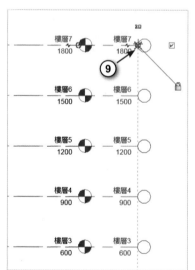

10. 點擊樓層線下方圖示【 🔒 】，可以解除與其他樓層線的關聯。

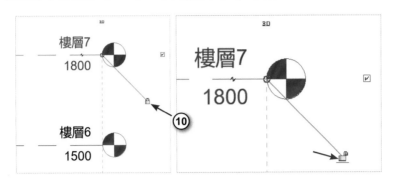

11. 滑鼠左鍵拖曳圓點，可以單獨的將樓層線段延長或縮短。

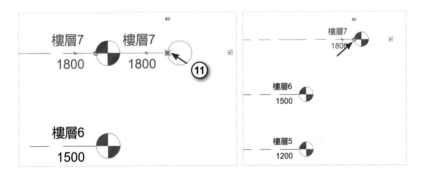

12. 再次將圓點拖曳回原來的位置，會出現對齊的虛線，使樓層線位置再次互相關
聯。

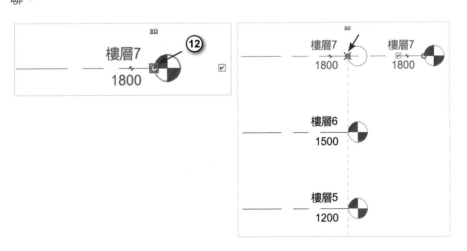

13. 完成樓層線的線段長度變更。

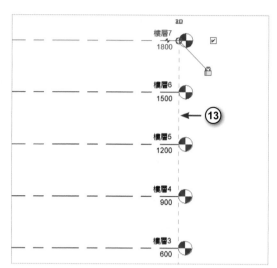

14. 點擊要修改樓層距離的線段,如圖所示。

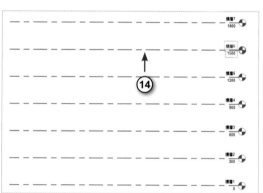

15. 會出現兩樓層間的相關的尺寸,可以進行距離的編輯修改。

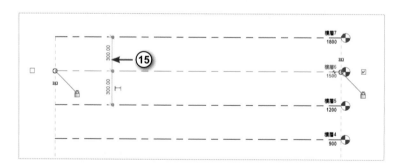

16. 點擊要修改的樓層距離上的數值，直接輸入要修改的值「200」。

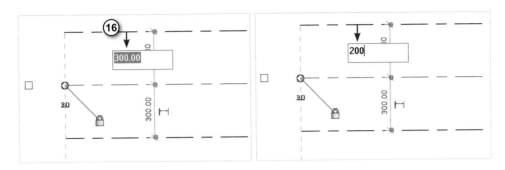

17. 樓層 6 到樓層 7 的距離將會變更為 200，樓層 5 到樓層 6 的距離也會變更為「400」。

18. 再次點擊兩樓層間的距離數值，並輸入「300」。

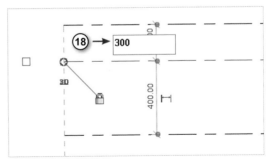

19. 將樓層距離變更回「300」，下方的尺寸也會一起變更回「300」。

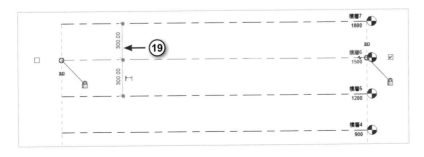

3-2 網格線繪製

01. 延續上一各章節的檔案。

02. 點擊瀏覽器下方樓板平面圖前方的【＋】，並連續點擊兩次【樓層 1】，切到樓層 1 平面圖。

03. 點選【建築】頁籤 →【基準】面板 →【柱線】。

04. 點擊【線】，如圖所示。

05. 在左下方點擊任一個點，做為網格線的起點。

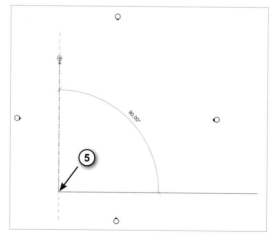

06. 滑鼠往上移動，在適當的位置點擊滑鼠左鍵，完成第一條網格線。

07. 移動滑鼠，在第一條網格線的起點往右滑動會出現距離的數值。

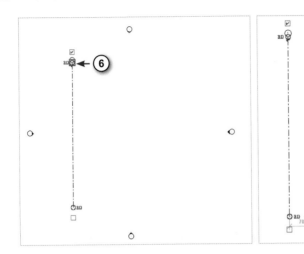

08. 輸入數值「300」，按下 Enter 鍵，決定兩條網格線的間距。

09. 滑鼠往上移動，對齊第一條網格線，並點擊滑鼠左鍵。

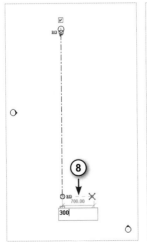
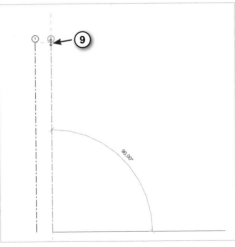

10. 完成第二條網格線且距離為
「300」。

11. 將滑鼠從第二條網格往右移動，
並且輸入距離為「700」，按下
Enter 鍵。

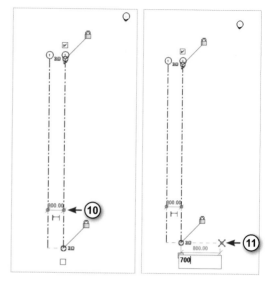

12. 滑鼠往上垂直移動並對齊第二條網格線，並按下滑鼠左鍵。

13. 完成第三條網格線。

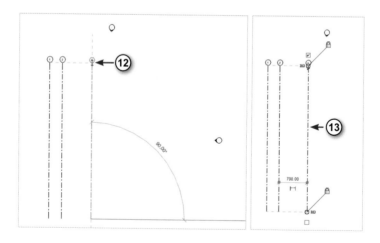

14. 依相同的方式繪製第四條網格
線，並輸入距離為「500」。

15. 依相同的方式繪製第五條網格
線，並輸入距離為「650」。

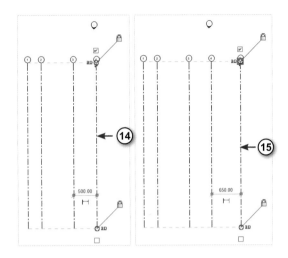

16. 依相同的方式繪製第六條網格線，並輸入距離為「450」。

17. 將滑鼠移動到右下方，任意點擊一點為水平網格的起點。

18. 滑鼠往左移動，在適當位置點擊左鍵，完成水平的第一條網格線。

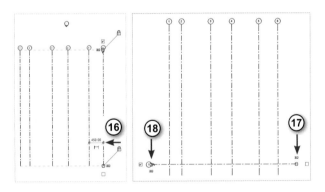

19. 點擊在網格線的標頭，如圖所示。

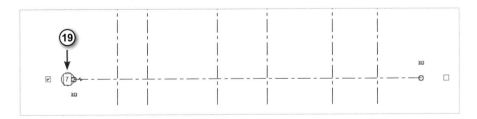

20. 輸入「A」，如圖所示。

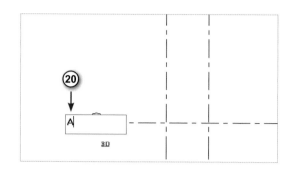

21. 將網格線的名稱變更為 A。

22. 繪製工具選擇【點選線】，如圖
所示。

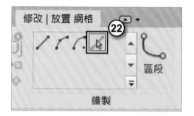

23. 在面板下方的偏移量中輸入
「500」。

24. 滑鼠移動到水平網格線的上方一
點點的位置，會在上方出現藍色
的虛線，預覽將偏移出的線段。

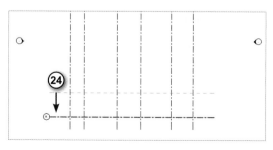

25. 點擊滑鼠左鍵即可繪製出網格線B。

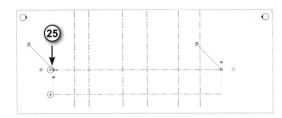

 小秘訣

若偏移方向錯誤,可按下 Ctrl + Z 復原步驟,再重新偏移。

26. 依相同的方式繪製出網格線 C、D、E。

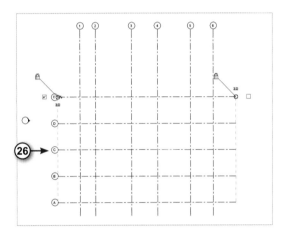

27. 在面板下方的偏移量中輸入「750」,將偏移距離變更為 750。

28. 滑鼠移動到水平網格線的上方，並按下滑鼠左鍵偏移出網格線F。

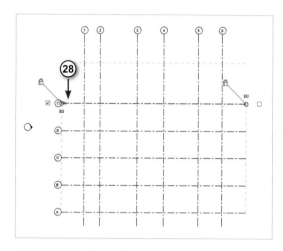

29. 在面板下方的偏移量中輸入「300」，將偏移的距離變更為300。

30. 滑鼠移動到水平網格線的上方，並按下滑鼠左鍵偏移出網格線G。

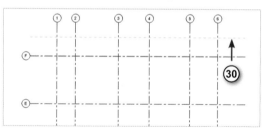

31. 完成網格線的繪製，網格線可以提供各樓層平面圖的對齊參考點與線，也可以在交點處快速建立牆與柱子。

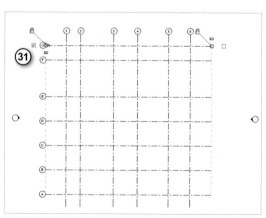

4 樑柱、牆、樓板結構繪製

▶

本章介紹如何繪製建築結構、變換族群、編輯類型、材質的方式。樑柱為建築的重要支撐，務必熟悉其建立方式。

4-1 柱子繪製

方式一：滑鼠左鍵放置

01. 點擊【檔案】→【開啟】→〈4-1 柱子放置 .rvt〉，開啟範例檔。

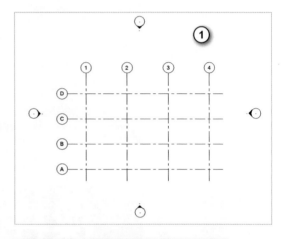

02. 點擊專案瀏覽器下方【樓板平面圖】→ 切換到【樓層1】視圖。

03. 點擊【建築】頁籤→【柱】下拉式選單→【結構柱】。

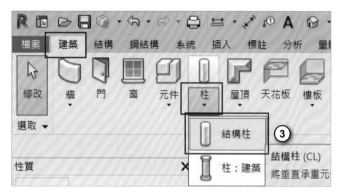

04. 在性質面板的下拉式選單中點選
【混凝土柱 - 矩形 **30 x 50 cm**】
的類型,如圖所示。

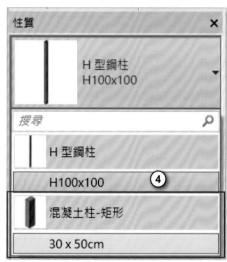

05. 在選項列中,點擊【深度】下拉
選單,切換為【高度】,並在旁
邊的下拉式選單中點選【**樓層
2**】柱子高度為樓層 1 到樓層 2。

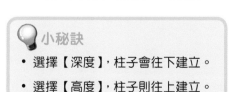
💡 小秘訣
* 選擇【深度】,柱子會往下建立。
* 選擇【高度】,柱子則往上建立。

06. 將滑鼠移動到要放置的位置點擊滑鼠左鍵，如圖所示。

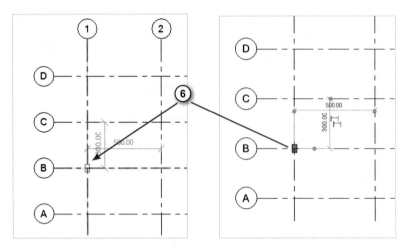

07. 按下空白鍵，可以改變柱子的方向，點擊左鍵放置柱子。

08. 再次點擊空白鍵，可以再次改變柱子的方向，點擊左鍵放置柱子。

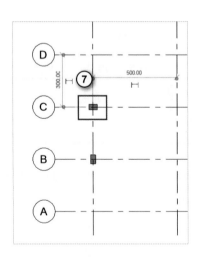 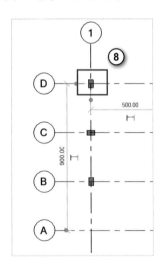

09. 按下 Esc 鍵或點擊【**修改**】，完
成柱子的繪製。

10. 點擊工具列上方的【 ⬡ 】鍵，切換到 3D 視圖檢視模型。

11. 完成圖，請注意可以利用空白鍵
來切換柱子的方向。

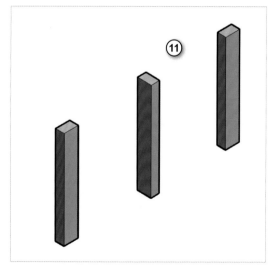

方式二：在網格上

01. 延續上一個章節的檔案。

02. 框選所有的柱子後，按下 Delete
鍵，刪除所有的柱子。

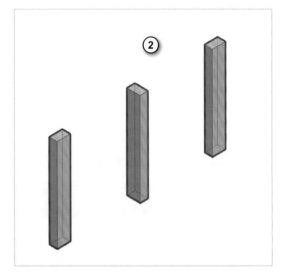

03. 連續點擊瀏覽器下方的【樓層
1】兩次，將畫面切換到樓層 1。

04. 點擊【建築】頁籤→【柱】下拉
式選單→【結構柱】。

05. 在性質面板的下拉式選單中點選
【混凝土柱 - 矩形 **30 x 50 cm**】，
如圖所示。

06. 在設定柱子高度的下拉式選單中
點選【高度】與【樓層 2】。

07. 功能區點擊【垂直柱】，再點擊
【在網格】。

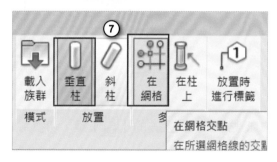

08. 滑鼠由右到左框選所有的網格，
如圖所示，請確認選取所有網
格。

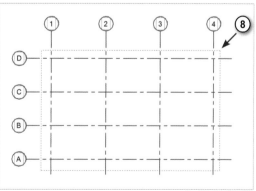

09. 點擊工具列上的【完成】，如圖
所示。

10. 完成後，在所有的網格點上都會
出現柱子。

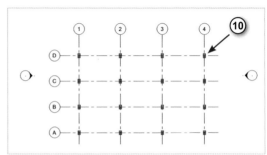

11. 在功能區點擊【修改】，或者按
下 Esc 鍵結束指令。

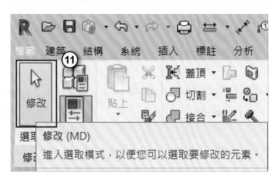

12. 點擊工具列上方的【🔷】鍵，切換到 3D 視圖檢視模型。

13. 完成柱子的繪製。

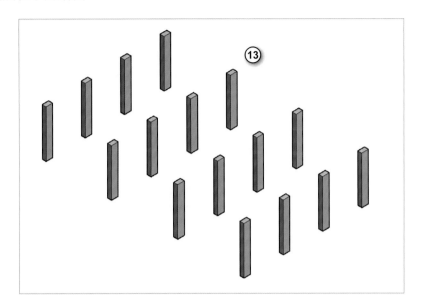

4-2 樑的繪製

方式一：滑鼠左鍵繪製

01. 延續上一個章節的檔案。

02. 連續點擊瀏覽器下方的【樓層 2】兩次，將畫面切換到樓層 2。

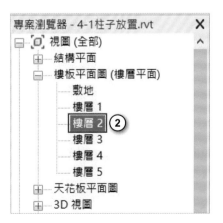

03. 點選【結構】頁籤→【結構】面板→【樑】。

04. 在性質面板的下拉式選單中點選【混凝土樑 - 矩形 **30 x 60 cm**】。

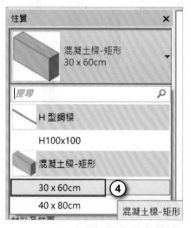

05. 在【放置平面】的下拉式選單中點選【樓層 **2**】。

06. 在繪製面板中點擊【☑（線）】，如圖所示。

07. 在網格 A 跟網格 1 的交接處點 擊下滑鼠左鍵，當作樑的起點。

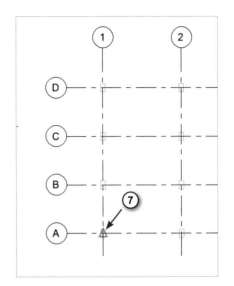

08. 在網格 A 跟網格 4 的交接處點 擊下滑鼠左鍵，當作樑的終點。

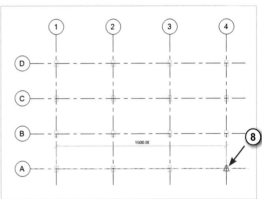

09. 完成繪製一條樑的結構。

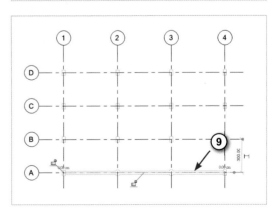

10. 點擊【修改】，或者按下 Esc 鍵結束指令。

11. 點擊工具列上方的【⬡】鍵，切換到 3D 視圖檢視模型。

12. 完成圖。

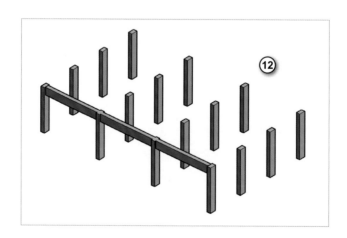

方式二：在網格上

01. 延續上一各章節的檔案。

02. 選取剛剛繪製的樑，按下 Delete 鍵。

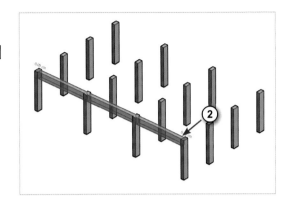

03. 連續點擊瀏覽器下方的【樓層 2】兩次，將畫面切換到樓層 2 平面。

04. 點選【結構】頁籤→【結構】面板→【樑】。

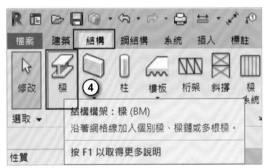

05. 在性質面板的下拉式選單中點選
【混凝土樑 - 矩形 30 x 60 cm】。

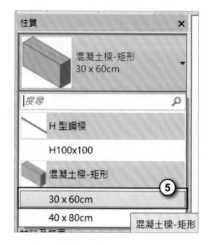

06. 在【放置平面】的下拉式選單中
點選【樓層 2】。

07. 在功能區中點擊【在網格上】,
如圖所示。

08. 滑鼠由右到左框選所有的網格，如圖所示。

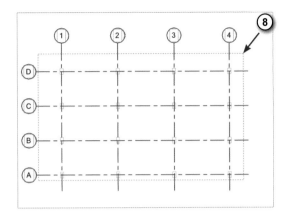

09. 在所有的網格上將會繪製出樑。

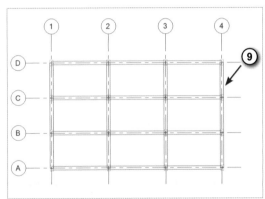

10. 在功能區中點擊【完成】。

11. 點擊【修改】，或者按下 Esc 鍵結束指令。

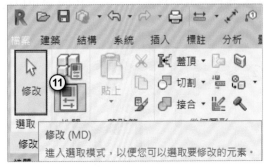

12. 點擊工具列上方的【 📦 】鍵，切換到 3D 視圖檢視模型。

13. 完成圖。

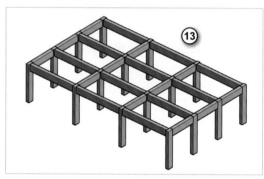

4-3 牆面繪製

01. 延續上一個章節的檔案或開啟範例檔〈4-3 牆面繪製 .rvt〉，若開啟後看不見模型，點擊滑鼠中鍵兩下即可顯示。

02. 選取左方的樑跟柱，按下 Ctrl 鍵可以複選，按下 Delete 鍵刪除，如圖所示。

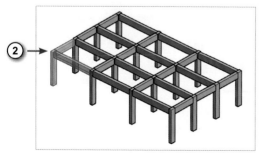

03. 連續點擊瀏覽器下方的【**樓層 1**】兩次，將畫面切換到樓層 1 平面圖。

04. 點選【**建築**】頁籤→【**建立**】面板→【**牆**】。

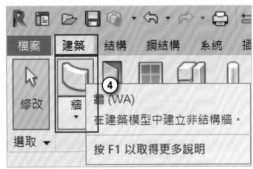

05. 在性質面板的下拉式選單中點選【**RC 牆 15cm**】的類型。

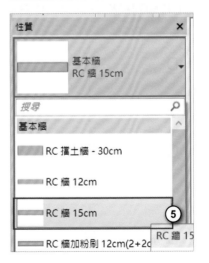

06. 選項列中的下拉式選單，設定
【高度】與【樓層 2】，牆面高度
為樓層 1 到樓層 2。

07. 在定位線的下拉式選單中點擊【塗層面：外部】，並將【鏈】打勾，可連續繪製線段，繪製工具選擇【 ◢ (線) 】。

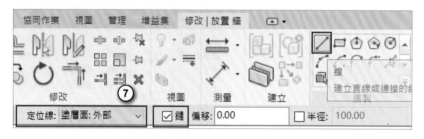

08. 在網格 B 跟網格 1 的端點處點擊下滑鼠左鍵，當作牆的起點。

09. 將滑鼠往上移動到網格 D 的端點位置並按下滑鼠左鍵，如圖所示。

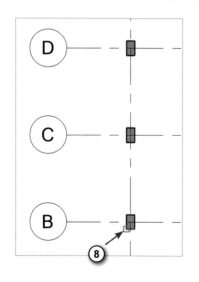
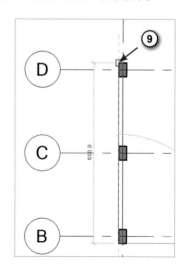

10. 滑鼠往右移動到網格 4 的端點位置按下滑鼠左鍵。

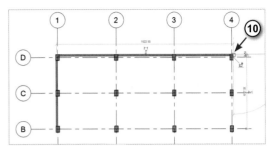

11. 滑鼠往下移動到網格 A 的端點位置，按下滑鼠左鍵。

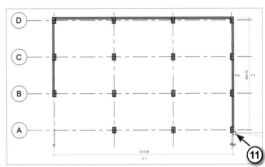

12. 依相同的方式，將所有的牆面繪製完成。

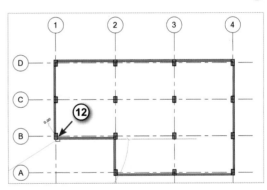

13. 點擊【**修改**】，或者按下 Esc 鍵結束繪製牆。

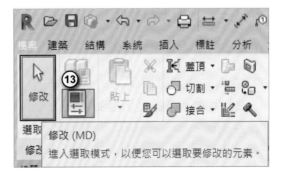

14. 點擊工具列上方的【】鍵,切到 3D 視圖檢視模型。

15. 完成圖。

4-4 樓板繪製

方式一:直線繪製

01. 延續上一個章節的檔案。

02. 連續點擊瀏覽器下方的【**樓層 2**】兩次,將畫面切換到樓層 2 平面圖。

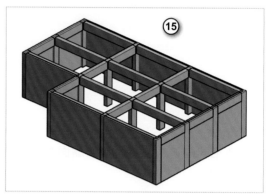

03. 點選【建築】頁籤→【建立】面板→【樓板】。

04. 在性質的下拉式選單中點選【通用 **-15cm**】類型。

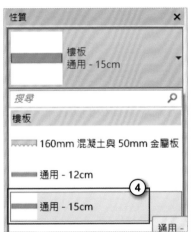

05. 在繪製面板中點選【邊界線】，並點選【線】的繪製方式。

06. 在網格 D 跟網格 1 的端點處點擊下滑鼠左鍵，當作樓板邊界的起點。

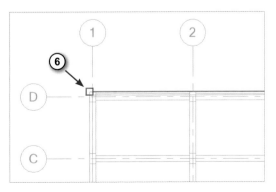

07. 滑鼠往右移動到網格 4 的端點，
點擊下滑鼠左鍵。

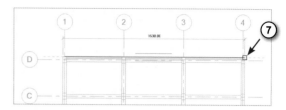

08. 滑鼠往下移動，在網格 A 的端點
按下滑鼠左鍵，如圖所示。

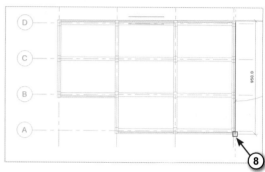

09. 依相同的方式繪製樓板的線段，
沿著牆面圍起來，最後連接到起
點。

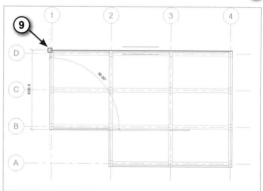

10. 完成樓板的線段接合。

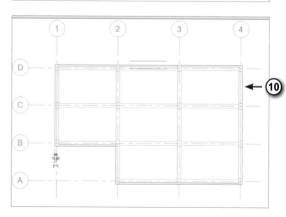

11. 繪製完成後在功能區點擊【 ✓ 】，
如圖所示。

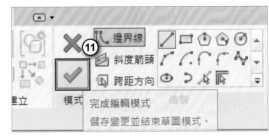

12. 此時會出現要不要將牆面貼附到
樓板的視窗，點擊【是】。

13. 點擊工具列上方的【 ⌂ 】鍵，可以預覽繪製完成的樣子。

14. 完成樓板的繪製。

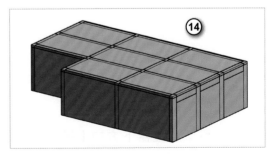

方式二：點選牆

01. 延續上一個章節的檔案。

02. 在右下方點擊【 ⬛ (依面選取
元素)】，左鍵點擊樓板面，可直
接選取樓板。

03. 按下 Delete 刪除樓板。

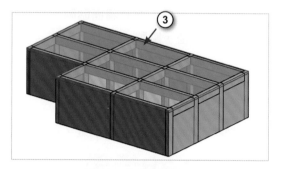

04. 刪除剛剛繪製的樓板，如圖所
示。

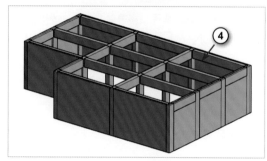

05. 再次點選【 ⬛ (依面選取元
素)】，將選取面的功能關閉，點
選物件邊緣才能選取物件。

06. 連續點擊瀏覽器下方的【樓層
2】兩次，將畫面切換到樓層2
平面圖。

07.【建築】頁籤→【建立】面板→
【樓板】。

08. 在繪製面板中點擊【 (點選牆)】，如圖所示。

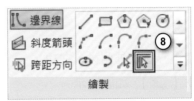

09. 將滑鼠移到牆面的位置並點擊即可選取牆面線段。

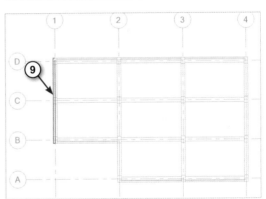

10. 選取所有的牆面線段，如圖所示。

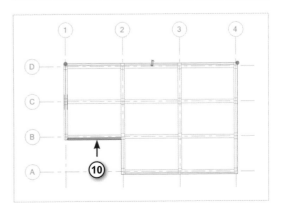

11. 選取任意一條樓板邊界線，點擊
【 ▤ (**翻轉**) 】，可以將樓板的邊
界切換為牆外或牆內。

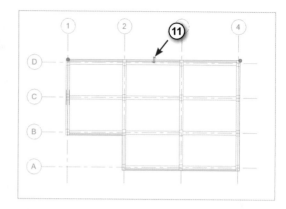

12. 確定樓板邊界在牆外側後，在功
能區點擊【 ✔ 】，如圖所示。

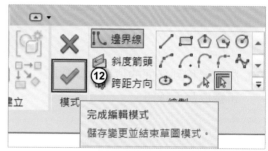

13. 此時會出現要不要將牆面貼附到
樓板的視窗，點擊【是】。

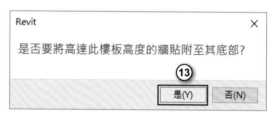

14. 點擊工具列上方的【 ◈ 】鍵，可以預覽繪製完成的樣子。

15. 完成樓板的繪製。

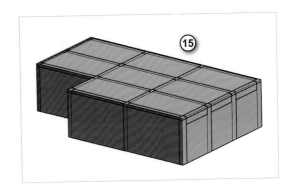

4-5 族群類型的建立

牆面類型建立

01. 延續上一個章節的檔案,或開啟
範例檔〈4-4 族群類型建立 .rvt〉,
若開啟後看不見模型,點擊滑鼠
中鍵兩下即可顯示。

02. 將滑鼠移動到牆面的下方,牆面
的線段會顯示藍色。

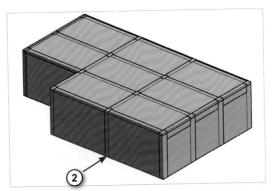

03. 點擊前方的牆面,選取整個牆。

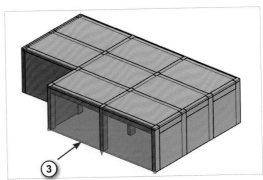

04. 在性質的下方會顯示選取的牆
面所使用的族群類型為 RC 牆
15cm，點擊下方欄位的【**編輯
類型**】。

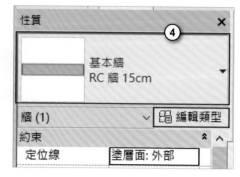

05. 點擊【**複製**】，複製一個新的類
型。

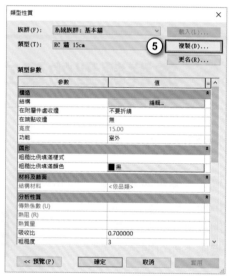

06. 在名稱中輸入「RC 牆 17cm」，
並按下【**確定**】，此時已新增類
型。

07. 點擊【**結構**】右側的【**編輯**】，
　　 編輯牆的斷面結構。

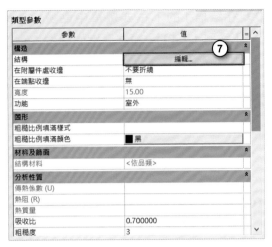

08. 點擊兩次【**插入**】，加入 2 層結
　　 構。

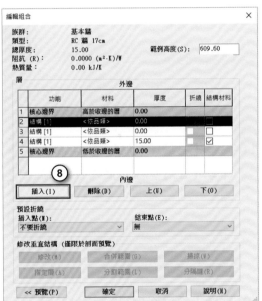

09. 在結構 1 的下拉式選單中點選
【**塗層 1〔4〕**】，並在厚度的欄位
中輸入「1」。

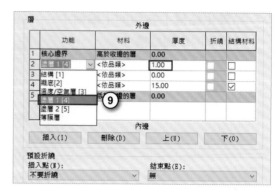

10. 在另一個結構 1 的下拉式選單中
點選【**塗層 2〔5〕**】，並在厚度
的欄位中輸入「1」。

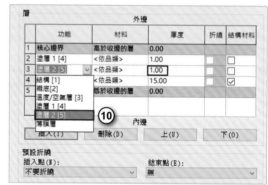

11. 點選【**塗層 1〔4〕**】，並在下方
點擊【**上**】，將塗層 1 往上移
動。

12. 點選【**塗層 2〔5〕**】，並在下方
點擊【**下**】，將塗層 2 往下移動
到最下方。

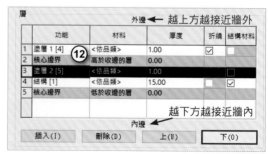

13. 可以點擊下方的【**預覽**】鍵，可以展開左方的預覽圖檢視。

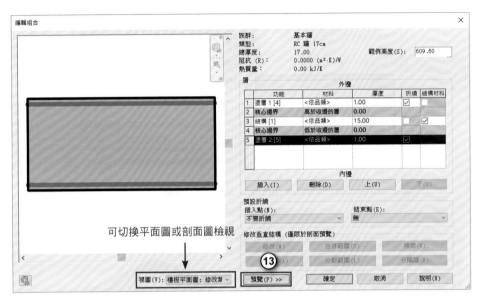

可切換平面圖或剖面圖檢視

14. 設定完成後按下【**確定**】。

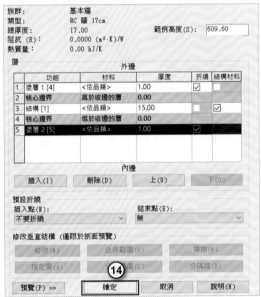

15. 再次按下【確定】。

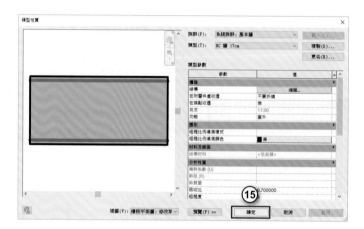

16. 接下來要將所有 RC 15cm 牆面
變更為 RC 17cm 類型的牆面。
框選所有的物件。

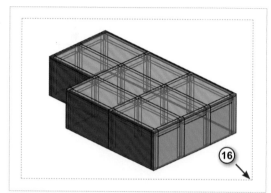

17. 點擊畫面的右下角【 ⛛ 】(篩
選)】，如圖所示。

18. 在品項中只勾選【牆】，完成後
按下【確定】。

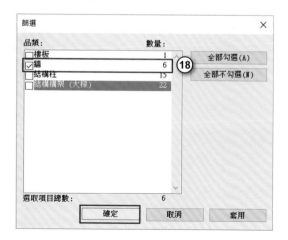

19. 經過篩選完後只會留下所有的牆面。

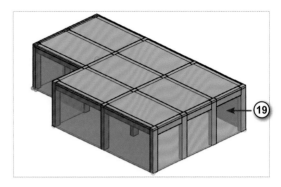

20. 點擊性質的下拉式選單並點選【RC 牆 17cm】，如圖所示。

21. 所有的牆面將變更為剛剛設定好的 厚度 17cm 牆。

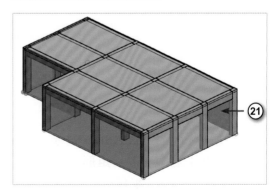

22. 完成圖。

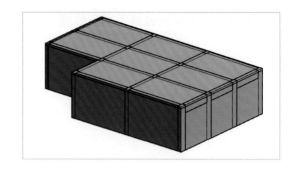

柱子類型建立

01. 延續上一個章節的檔案。

02. 將滑鼠移動到柱子的邊緣，柱子的線段會顯示藍色。

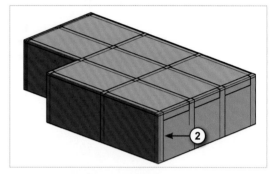

03. 左鍵點擊選取柱子，選取後會呈現藍色。

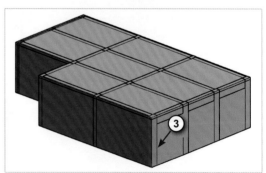

04. 在性質的下方會顯示選取的柱子類型為【混擬土柱 - 矩形 30 x 50 cm】，點擊【編輯類型】。

05. 點擊【**複製**】，複製新的柱子類型。

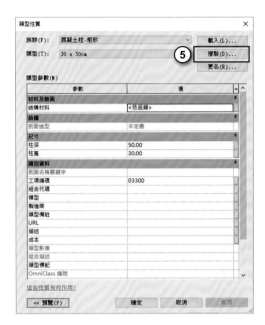

06. 在名稱中輸入新類型的名稱為「**50 x 60cm**」，完成後按下【**確定**】。

07. 在下方尺寸的欄位中將柱深更改為【**60**】，並將柱寬更改為【**50**】，完成後按下【**確定**】。

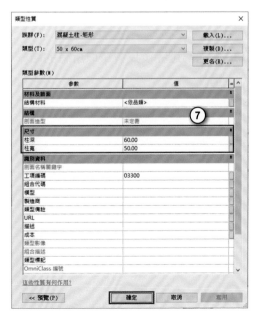

08. 框選所有的物件。

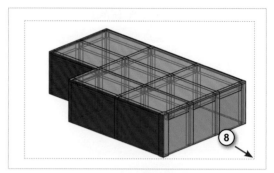

09. 點擊畫面的右下角【 ▽ （篩選）】，如圖所示。

10. 在品類中只勾選【**結構柱**】，完成後按下【**確定**】。

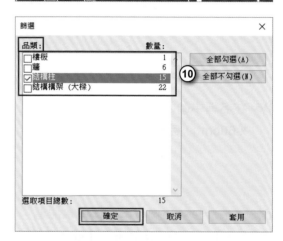

11. 經過篩選完後只會選取所有的結構柱。

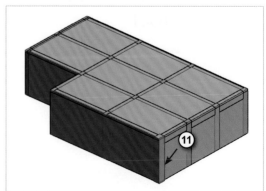

12. 點擊性質的下拉式選單並點選
【混凝土柱 - 矩形 50 x 60cm】，
如圖所示。

13. 所有的結構柱將變更為剛剛設定
好的 50 x 60cm 類型的結構柱。

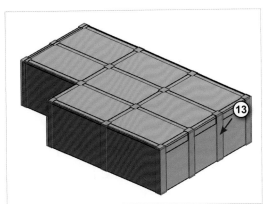

14. 完成圖。

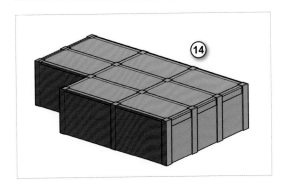

樓板類型建立

01. 延續上一個章節的檔案。

02. 將滑鼠移動到樓板的邊緣，樓板
的線段會顯示藍色。

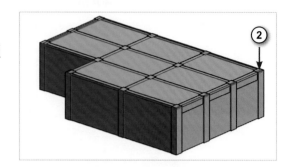

03. 點擊並選取樓板，選取後會呈現
藍色。

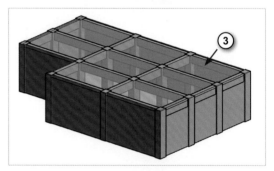

04. 在性質會顯示選取的樓板所使用
的族群類型為【通用 -15cm】，
點擊下方的【編輯類型】。

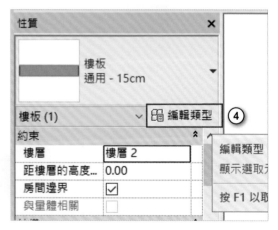

05. 點擊【**複製**】，複製新的樓板類型。

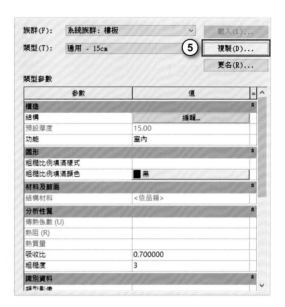

06. 在名稱中輸入新類型的名稱為「通用 - 20cm」，完成後按下【**確定**】。

07. 點擊【**結構**】右側的【**編輯**】，如圖所示。

08. 在【結構 1】的厚度中輸入
「**20**」，將樓板的厚度改為 20 並
按下【確定】。

09. 完成後按下【確定】，如圖所
示。

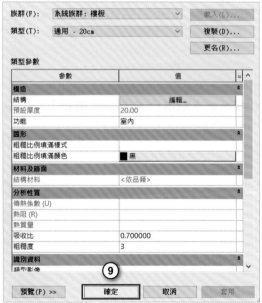

10. 完成後樓板將變更為新樓板的厚度，且性質面板也會顯示目前類型為【通用 - 20cm】。

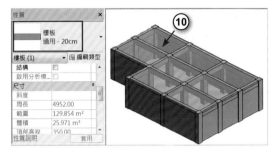

11. 完成圖。

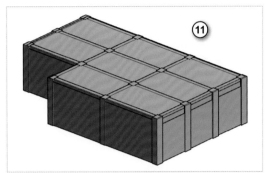

4-6 複製物件到其他樓層

01. 延續上一個章節的檔案，或開啟範例檔〈4-6 複製物件到其他樓層 .rvt〉。

02. 點擊專案瀏覽器下方的【立面圖】，並連續點擊【北立面】，將視圖切換到北立面。

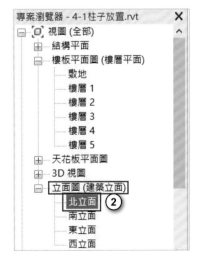

03. 確認樓層的高度皆相同，且最高
樓層為 5 樓。

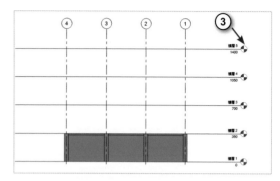

04. 在功能區上方中點擊【】，
將畫面切換到 3D 視圖。

05. 框選所有的物件。

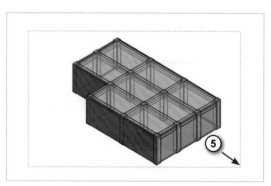

06. 點擊畫面的右下角【 （篩
選）】，如圖所示。

07. 點擊【全部不勾選】。

08. 點擊勾選【**結構柱**】並按下【**確定**】。

09. 可以篩選出所有的結構柱,如圖所示。

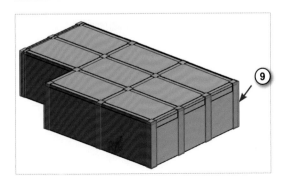

10. 在性質下方的約束中，【頂部樓層】選擇
　　【樓層 5 】，點擊【套用】。

11. 會將所有的結構柱高度變到樓層 5。

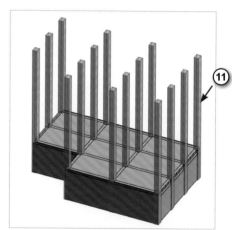

12. 框選所有的物件，如圖所示。

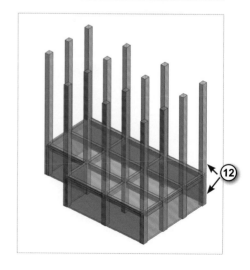

13. 點擊畫面的右下角【  （篩選）】，如圖所示。

14. 取消勾選【**結構柱**】，選取樓板、牆、樑，完成後按下【**確定**】。

15. 在功能區中點擊【**複製到剪貼簿**】，如圖所示。

16. 點擊貼上的下拉式選單並點選【**與選取的樓層對齊**】，如圖所示。

17. 點擊【樓層2】並按住 Shift 鍵
再點擊【樓層5】，選取樓層
2-5，完成後按下【確定】。

18. 完成樓層 1-5 樓板、牆、樑的複
製，如圖所示。

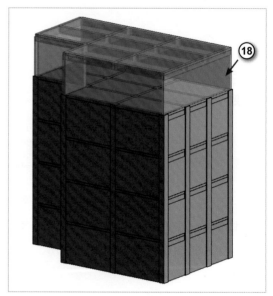

19. 點擊右上方視圖方塊的【前】，
將畫面切換到前視圖。

20. 框選樓層最上方的柱、樓板、
牆、樑，如圖所示。

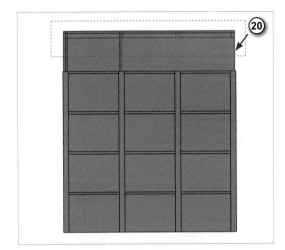

21. 按下 Delete 鍵，刪除第五層的
物件。

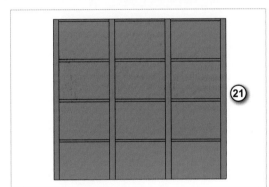

22. 點擊視圖方塊的小房子，可以切
換到主視圖，完成圖。

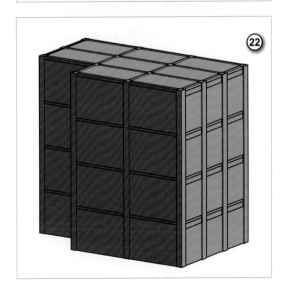

4-7 堆疊牆建立

01. 點擊【檔案】→【新建】→【專案】。

02. 點擊【瀏覽】，選擇範例中的【DefaultTWNCHT_2020.rte】樣板，並按下【確定】。

03. 點擊【建築】頁籤→【牆】。

04. 點擊性質的【基本牆】的下拉式選單，並點選【二段式堆疊牆】，如圖所示，堆疊牆包含一種類型以上的牆面。

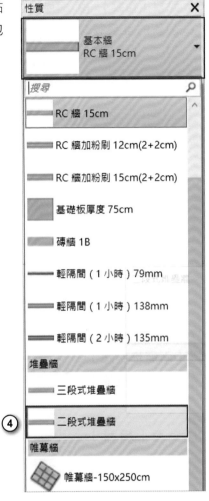

05. 點擊性質下方的【編輯類型】。

06. 點擊【複製】，複
製新的堆疊牆類
型。

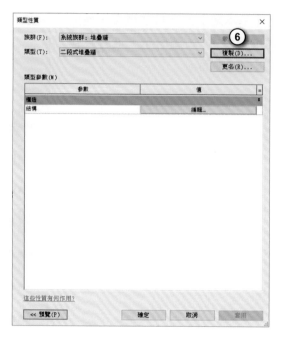

07. 將名稱變更為
【兩層堆疊牆】，
並按下【確定】。

08. 點擊【編輯】，
如圖所示。

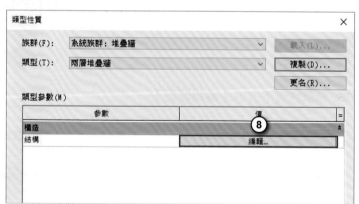

09. 類型 1 的堆疊牆名稱選擇【RC牆 15 cm】。

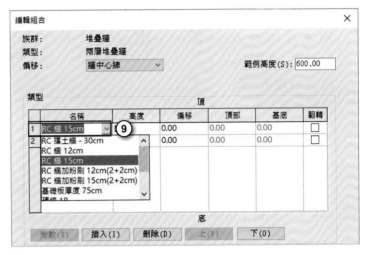

10. 類型 2 的堆疊牆名稱選擇【RC 擋土牆 -30cm】。

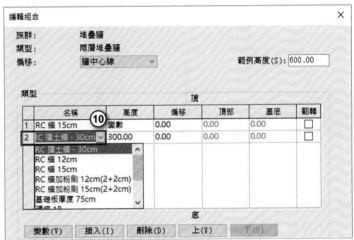

11. 在類型 2 高度中輸入【200】。

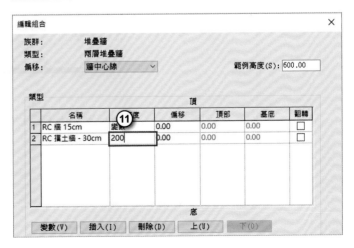

12. 在右上方的範例高度中輸入【350】，範例高度為預覽用，不等於實際高度。

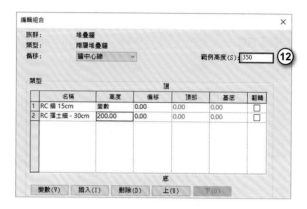

13. 在左下方點擊【預覽】，可將畫面展開並預覽設定好的牆面。

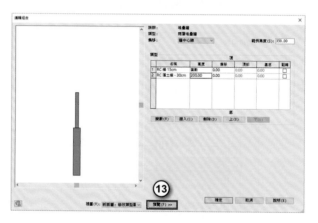

14. 點選類型 2【**RC 擋土牆 -30cm**】，並點擊【上】與【下】，可以將擋土牆面往上移動，改變順序。

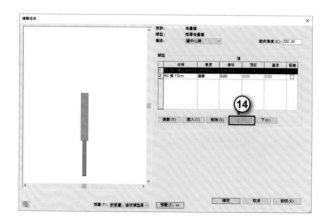

15. 完成順序變更後按下【**確定**】。

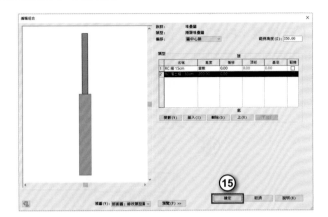

16. 再次按下【**確定**】關閉視窗。

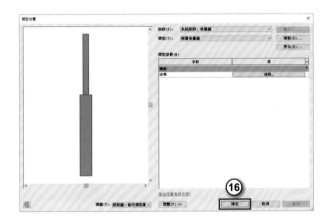

17. 在畫面中點擊滑
鼠左鍵，任意的
繪製牆面，繪製
完成後按下 Esc
鍵。

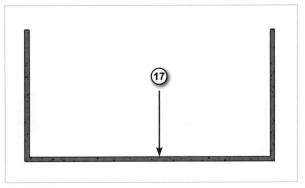

18. 框選所有堆疊牆，在性質面板的【底部約束】選擇【FL1】【頂部約束】選擇【至樓層：FL2】，將牆面的高度由底部 1F 長到頂部 2F 的位置。

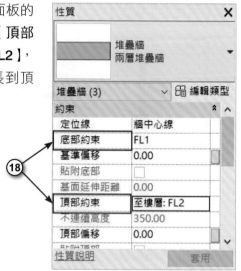

19. 點擊快速存取工具列上的【 🏠 ▾ 】圖示，可以將畫面切換到 3D 視角。

20. 將視覺型式變更為【描影】，完成堆疊牆的繪製。

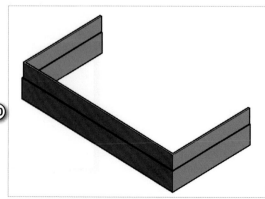

4-8 帷幕牆繪製

帷幕牆建立方式

01. 點擊【檔案】→【新建】→【專
案】。

02. 點擊樣板檔案的下拉式選單並
點擊【建築樣板】，按下【確
定】。

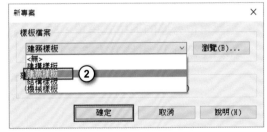

03. 點擊【管理】頁籤→【專案單位】。

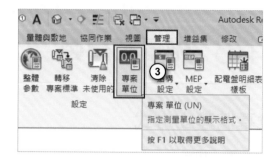

04. 點擊長度右邊【1235 [mm]】，如圖所示。

05. 點擊單位旁邊的下拉式選單，並點選【公分】，再按下【確定】。

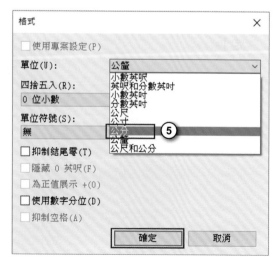

06. 再點擊專案單位頁面的【**確定**】，
如圖所示。

07. 點擊【**建築**】頁籤→【**牆**】。

單位	格式
長度	1235 [cm]
區域	1235 m²
體積	1234.57 m³
角度	12.35°
斜度	12.35°
貨幣	1234.57
量體密度	1234.57 kg/m³

08. 點擊性質的【**基本牆**】的下拉式
選單，並點選【**帷幕牆**】類型，
如圖所示。

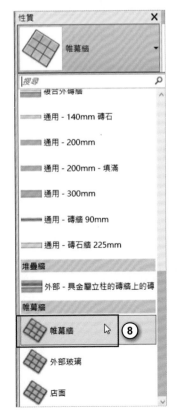

09. 在選項列,【高度】旁的下拉式選單中點選【FL2】,並勾選【鏈】。

10. 在快速存取工具列中點選【 🏠 】,
將畫面切換到 3D 視角。

11. 在畫面中點擊滑鼠左鍵,任意的
繪製牆面,繪製完成後按下 Esc
鍵將視覺型式切換為【描影】。

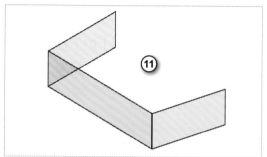

12. 點擊【建築】頁籤→【帷幕網
格】。

13. 點擊【修改 / 放置】頁籤→【所
有區段】。

14. 將滑鼠移動到水平線上，會出現
垂直的網格虛線。

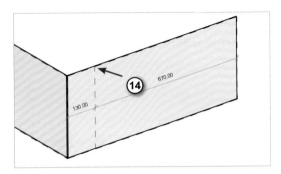

15. 按下滑鼠左鍵即可建立網格線
段，可以依序建立網格線段。

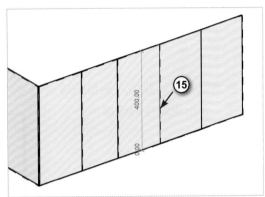

16. 將滑鼠移動到垂直線上，會出現
水平的網格虛線。

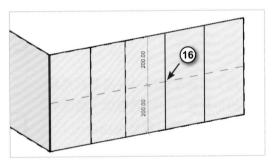

17. 按下滑鼠左鍵即可建立網格線
段，如圖所示。

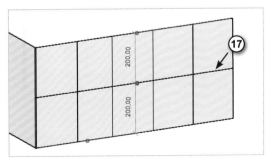

18. 將滑鼠移動到其他兩個帷幕，並依序建立網格線。

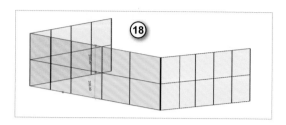

19. 點擊【修改 / 放置】頁籤→【一個區段】。

20. 將滑鼠移動到要加入網格的線段上，會出現網格的虛線。

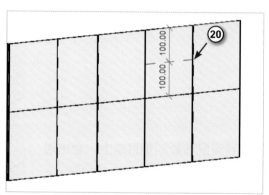

21. 按下滑鼠左鍵即可在需要網格線的位置建立一段網格線，繪製完成後按下 Esc 鍵結束指令。

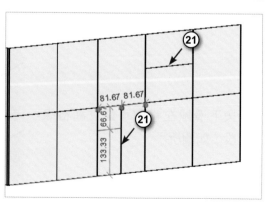

22. 移動滑鼠到要刪除的網格線上，此時會出現虛線，按下滑鼠左鍵選取。

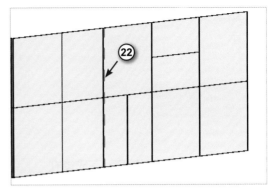

23. 按下 Delete 鍵，可以直接刪除網格線段。

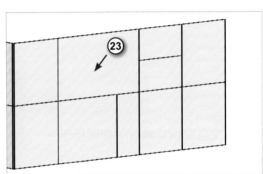

24. 移動滑鼠到要刪除的網格線上，此時會出現虛線，按下滑鼠左鍵選取。

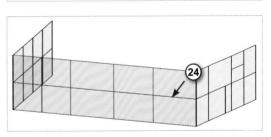

25. 點擊【修改 / 帷幕牆格點】→【加入 / 移除區段】。

26. 點擊要移除的網格線,如圖所示。

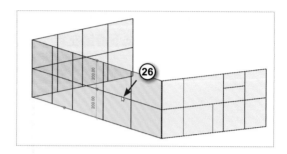

27. 可以直接移除網格線,完成後在空白處按下滑鼠左鍵完成。

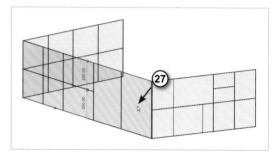

28. 再次選取網格線段,如圖所示。

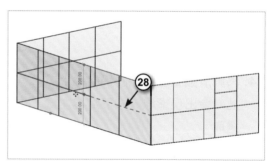

29. 點擊工具列【修改 / 帷幕牆格點】→【加入 / 移除區段】。

30. 移動滑鼠到要加入網格線的位置，如圖所示，但只能在虛線上點擊。

31. 點擊要加入網格線的位置，可以直接加入網格線段，完成後在空白處按下滑鼠左鍵。

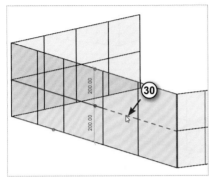 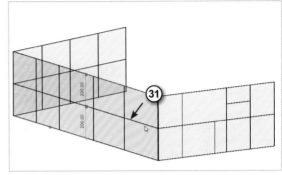

32. 點擊【建築】頁籤 →【建立面板】→【帷幕牆豎框】。

33. 點擊性質的下拉式選單，並點選【矩形豎框 50 x 150mm】，決定豎框類型。

34. 移動滑鼠到要加入豎框的位置，
並按下滑鼠左鍵。

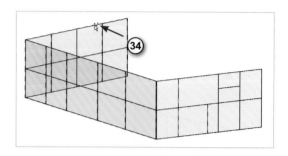

35. 可以在需要豎框的位置連續的建
立豎框。

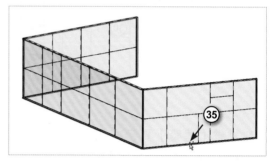

36. 點擊【修改 / 放置豎框】頁籤→
【所有網格線】。

37. 點擊性質的下拉式選單，並點選
【矩形豎框 30mm 正方形】。

38. 移動滑鼠到要加入豎框的位置，會出現網格虛線按下滑鼠左鍵。

39. 會一次將所有網格線段的位置加入豎框，按 Esc 鍵結束指令，完成豎框繪製。

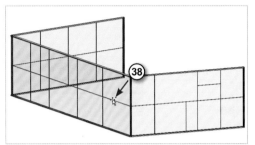 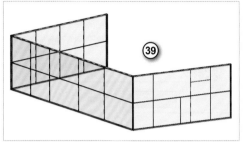

帷幕牆類型 - 間距設定

01. 點擊【檔案】→【新建】→【專案】。

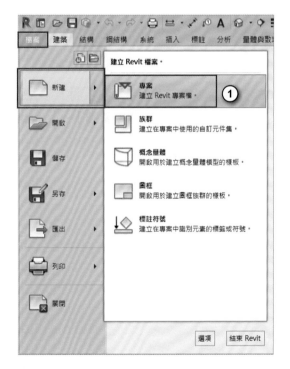

02. 點擊樣板檔案的下拉式選單並點擊【建築樣板】，並按下【確定】。

03. 點擊【管理】→【專案單位】，將長度單位改為公分。

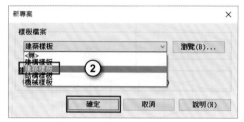

04. 點擊【建築】頁籤→【牆】。

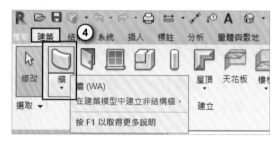

05. 點擊性質的下方【基本牆】的下拉式選單，並點選【帷幕牆】。

06. 在性質【底部約束】選擇【FL1】，
【頂部約束】選擇【至樓層：FL2】，
決定之後繪製帷幕牆的高度。

07. 點擊性質下方的【編輯類型】。

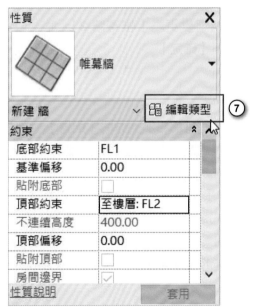

08. 點擊【複製】，如圖所示。

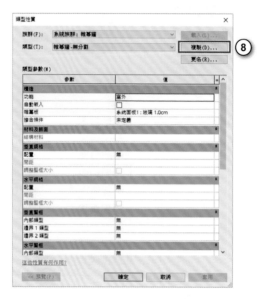

09. 將名稱變更為【帷幕牆 2】，並按下【確定】。

10. 在【垂直網格】下方的【配置】下拉式選單中點選【固定距離】，並在距離欄位中輸入「150」，在【水平網格】下方的【配置】下拉式選單中點選【固定距離】，並在距離欄位中輸入「250」，完成後按下【確定】。

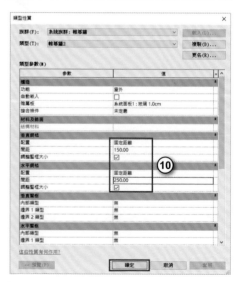

11. 繪製工具選擇【圓形】。

12. 按下滑鼠左鍵決定圓的中心點。

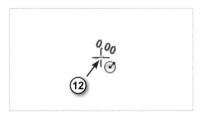

13. 將滑鼠往外移動到適當的位置，
　　 點擊滑鼠左鍵。

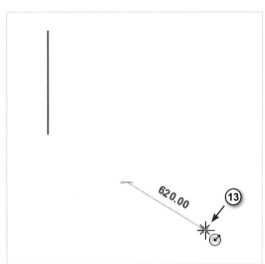

14. 即可繪製出圓形帷幕，如圖所
　　 示，請自行將視覺型式切換為
　　【描影】。

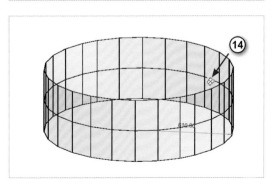

15. 再次點擊性質下方的【編輯類型】。

16. 在【垂直豎框】下方內部類型下拉式選單中點選【矩形豎框：30mm 正方形】，在【邊界 1 類型】的下拉式選單中點選【矩形豎框：50 x 150mm】，在【邊界 2 類型】的下拉式選單中點選【矩形豎框：50 x 150mm】。

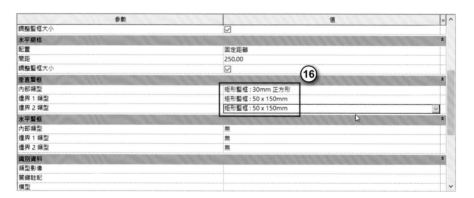

17. 在【水平豎框】下方，內部類型下拉式選單中點選【矩形豎框：30mm 正方形】，在【邊界 1 類型】的下拉式選單中點選【矩形豎框：50 x 150mm】，在【邊界 2 類型】的下拉式選單中點選【矩形豎框：50 x 150mm】，完成後按下【確定】。

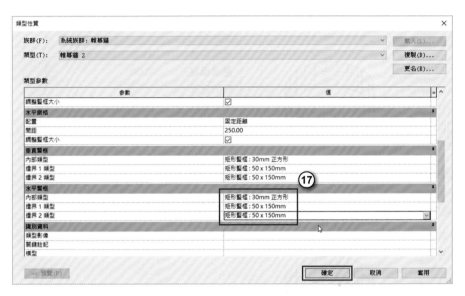

18. 會在每個帷幕中加上設定好的矩形豎框，如圖所示。

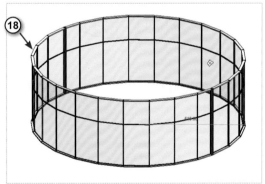

19. 繼續點擊性質下方的【編輯類型】。

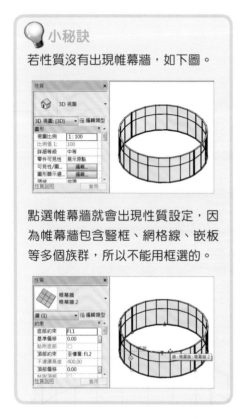

20. 在【接合條件】的下拉式選單中點選【邊界和水平網格連續】，完成後按下【確定】。

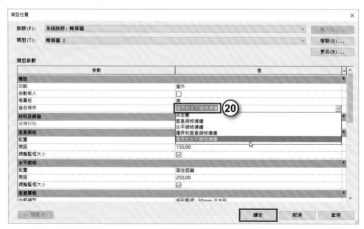

21. 就可以將帷幕的交界處都連接起來。

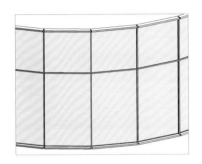 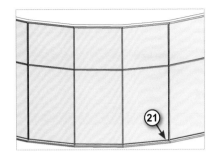

帷幕牆類型 - 數目設定

01. 延續上一小節的檔案來操作。圓形的帷幕牆會自動分成兩半圓，點選前面半圓形的帷幕牆，按住 Ctrl 鍵點擊後半圓帷幕牆加選。

02. 點擊性質下方欄位的【編輯類型】。

03. 在【垂直網格】下的配置下拉式選單中點選【固定數目】，在【水平網格】下
的配置下拉式選單中點選【固定數目】，並按下【確定】。

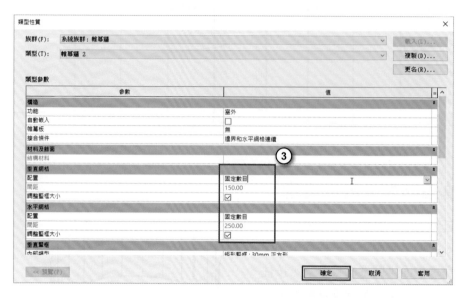

04. 在性質下方右邊的捲軸往下拉，並
在垂直網格下的編號中輸入「6」，
並點擊【套用】。

05. 此時選取到的兩個帷幕牆，垂直網格的數目將會變成 7 個，如圖所示。

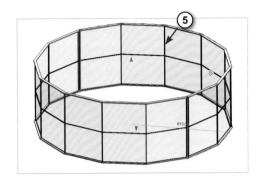

06. 在性質右邊的捲軸往下拉，並在水平網格下的編號中輸入「2」，並點擊【套用】。

07. 此時水平網格的數目將會變成 2 格，如圖所示。

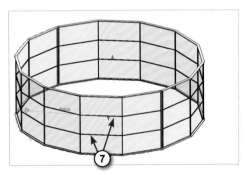

08. 點【建築】頁籤→【牆】。

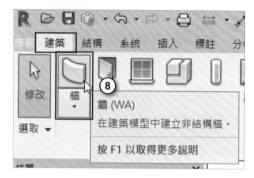

09. 繪製出三面帷幕牆，因為帷幕牆的
類型在編輯類型中已設定完成，所
以繪製出來的帷幕將會跟之前的設
定相同。

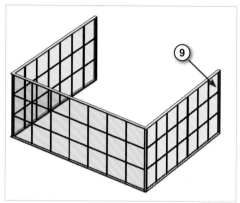

10. 可以單獨的選取帷幕牆，如圖所示。

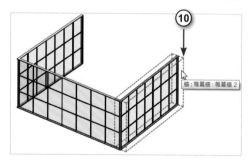

11. 在性質右邊的捲軸往下拉，並在【垂直網格】的編號中輸入「3」，【水平網格】編號輸入「4」，並點擊【套用】。

12. 此時垂直網格的數目將會變成 3 格，並只會針對選取的帷幕牆做改變，如圖所示。

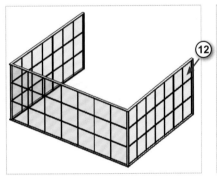 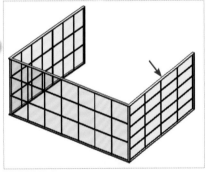

13. 選取第二片帷幕牆，如圖所示。

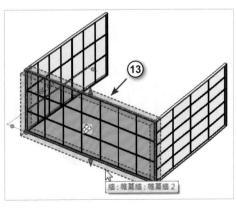

牆:帷幕牆:帷幕牆 2

14. 在性質下方右邊的捲軸往下拉，並在
【**垂直網格**】下的編號中輸入「3」，
並點擊【**套用**】。

15. 繼續變更第二片帷幕牆的數目。

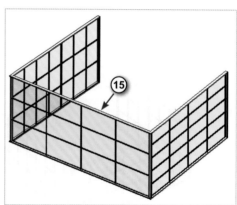

16. 依照相同的方式來設定第三面帷幕牆的數量。

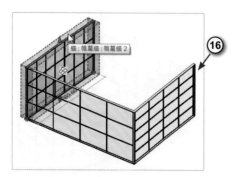

17. 完成圖。

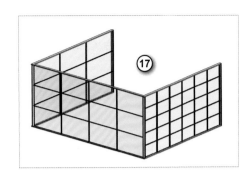

嵌板與豎框單獨變更類型

01. 延續上一小節的檔案來操作,或開啟
範例檔〈4-8 嵌板與豎框單獨變更類
型 .rvt〉。

02. 移動滑鼠到物件的下方,會出現藍色
亮顯。

03. 可以連續按下 Tab 鍵幾次,直到狀態
列出現豎框的選項後 (且豎框亮顯),
按下滑鼠左鍵並選取豎框。

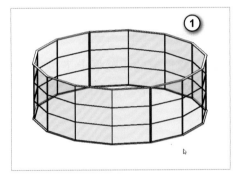

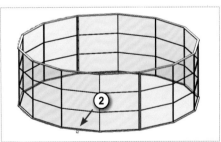

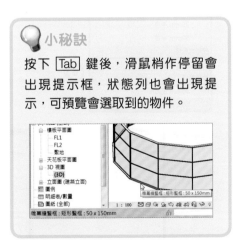

小秘訣

按下 Tab 鍵後,滑鼠梢作停留會
出現提示框,狀態列也會出現提
示,可預覽會選取到的物件。

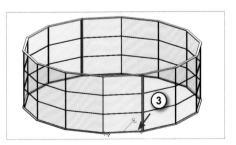

04. 可以直接點擊豎框旁邊的小圖示，控制單一豎框的接合，如圖所示。

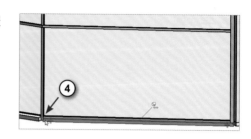

05. 點擊豎框上方的圖釘圖示，可以解鎖並單獨對豎框做變更。

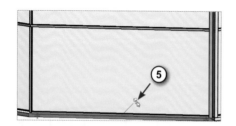

06. 點擊性質的【豎框】下拉式選單，並點選【梯形豎框1】。

07. 可以任意的變更豎框的樣式，如圖所示。

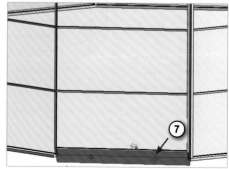

08. 按下 [Delete] 鍵，可以單獨刪除豎框。

09. 移動滑鼠到嵌板下方的線段，會出現藍色亮顯。

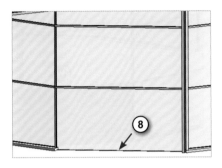
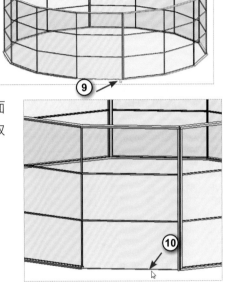

10. 按下 [Tab] 鍵，狀態列出現 " 系統面板 " 的選項後，按下滑鼠左鍵並選取面板。

11. 點擊性質的【系統面板】下拉式選單，並點選【實體】。

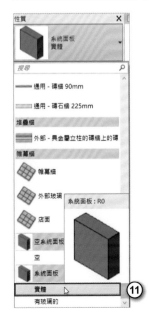

12. 面板會變成實體的樣式，如圖所示。

13. 帷幕牆族群也可由外部匯入，點擊【插入】頁籤→【載入族群】。

14. 從電腦中點選要載入的帷幕牆
族群【4-8 玻璃門 .rfa】，並按下
【開啟】。

15. 此時會出現模型升級的提示，當
模型升級完成，就可以從性質中
選到載入的門窗。

16. 移動滑鼠到嵌板下方的線段，會
出現藍色的顯示亮線。

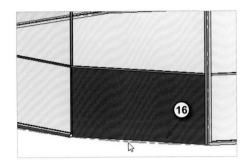

17. 按下 Tab 鍵，出現 " 系統面板 "
的選項後，按下滑鼠左鍵並選取
面板。

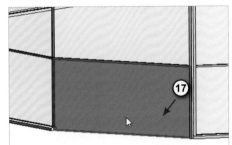

18. 點擊性質的下方【系統面板 - 實
體】的下拉式選單，右側捲軸
移至最上方，並點選【**4-8 玻璃
門**】下方的類型。

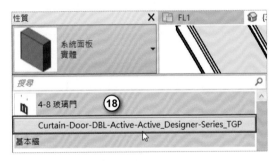

19. 即可將剛剛選取的嵌板變更為玻
璃門，玻璃門大小由帷幕牆的網
格間距來控制。

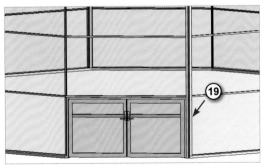

5 門窗建立

前人種樹，後人乘涼。Revit 與線上 Autodesk seek 網站有豐富的族群資源，使得門窗不需要重頭建立，配置與刪除門窗一鍵完成，只須修改門窗尺寸與位置，非常方便。

5-1 門窗建立

01. 點擊【檔案】→【開啟】→ 開啟〈5-1 門窗 .rvt〉範例檔。

02. 點擊【建築】頁籤 → 點擊【門】。

 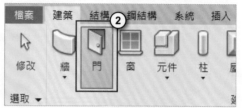

03. 在性質面板的下拉式選單中點選【單開 - 矩形】→【90 x 210cm】。

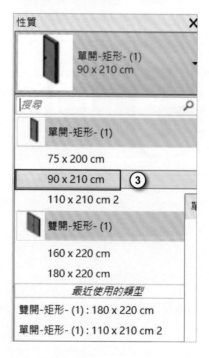

04. 移動滑鼠到要放置門的位置，按下滑鼠左鍵。

05. 可以任意的放置門的位置，放置後再做距離尺寸的調整。

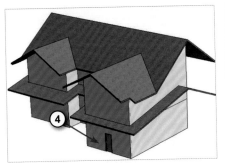 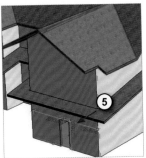

06. 在功能區點擊【**修改**】，或者按下 Esc 鍵，離開指令。

07. 點擊【**建築**】頁籤 → 點擊【**窗**】。

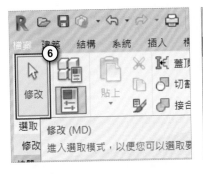 

08. 在性質面板的下拉式選單中點選
【雙開窗 - 含氣窗 - (1)】→【120
x 180cm】。

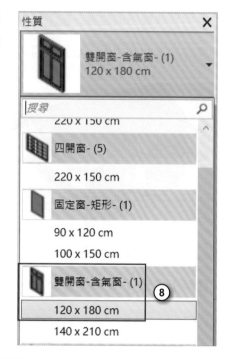

09. 移動滑鼠到要放置窗的位置，按下滑鼠左鍵。

10. 可以連續的放置窗戶，如圖所示。

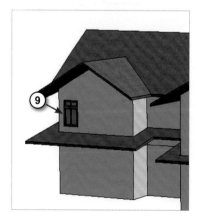

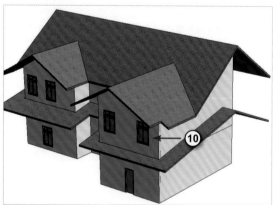

11. 在功能區點擊【**修改**】，或者按下 Esc 鍵，離開指令。

12. 點擊門邊框來選取門，如圖所示。

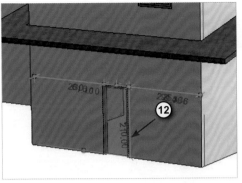

13. 在門上方會出現距離兩邊牆的尺寸。

14. 在門的上方會出現尺寸暫時尺寸，直接點擊要變更尺寸的欄位並輸入「180」，按下 Enter 鍵。

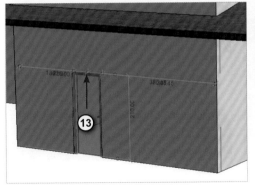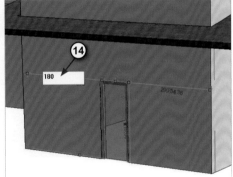

15. 點選左側窗戶，如圖所示。

16. 點擊窗戶的下方尺寸並輸入「130」。

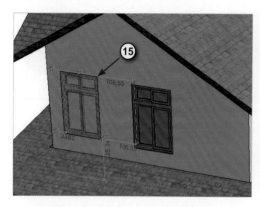 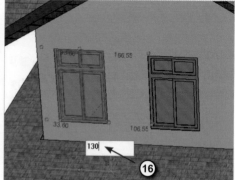

17. 點擊右側窗戶的下方尺寸並輸入「130」。

18. 再次點選左側窗戶，如圖所示。

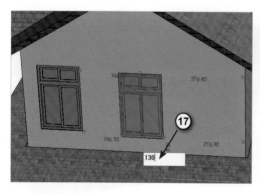 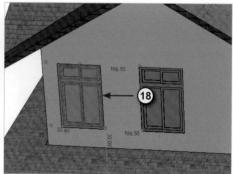

19. 另一個方式是用對齊指令，先在性質面板的下方欄位【窗台高度】中輸入「120」點擊【套用】，使窗台不同高度。

20. 此時窗戶的高度將會與下方的距離為 120。

21. 在專案瀏覽器下方，點擊立面圖前方【＋】，並左鍵兩下點擊【南立面】。

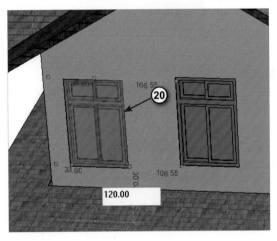

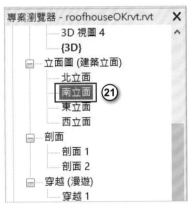

22. 點選窗戶將視圖切換到南立面。

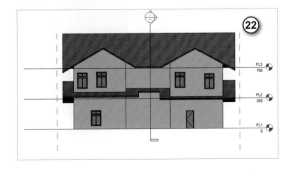

23. 點選【修改】頁籤→【對齊】。

24. 點擊要對齊的目標線段,點選第一個窗戶的下方線段為對齊的基準。

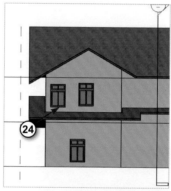

25. 點擊要對齊的物件線段,這裡為第二個窗戶的下方線段。

26. 兩個窗戶將會對齊並在同一條線上。

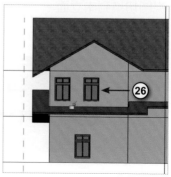

27. 繼續點擊第二個窗戶當成基準線。

28. 點擊要對齊的物件線段，這裡為第三個窗戶的下方線段。

29. 第三個窗戶也會對齊前面兩個窗戶。

30. 依相同的方式對齊所有的窗戶。

31. 在工具列下方點擊【**修改**】，或者按下 Esc 鍵，結束對齊指令。

32. 點擊工具列上方的【🏠】鍵，可以切換到 3D 視圖。

33. 完成圖。

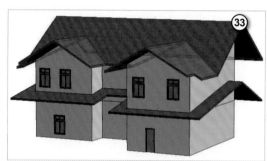

5-2　編輯門窗類型

01. 延續上一個章節的檔案。

02. 點選門，如圖所示。

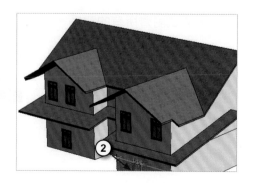

03. 點擊性質下方的【**編輯類型**】，
如圖所示。

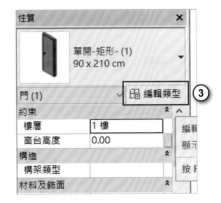

04. 在【**寬度**】的右邊值欄位輸入「110」，如圖所示。

05. 點擊【**更名**】，如圖所示。

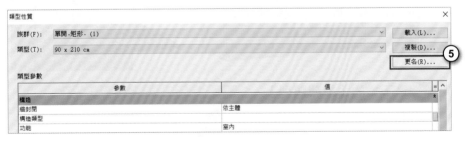

06. 在【**新名稱**】的欄位中輸入「110
x 210 cm」，並點擊【**確定**】。

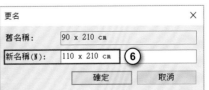

07. 變更完後按下【確定】，如圖所示。

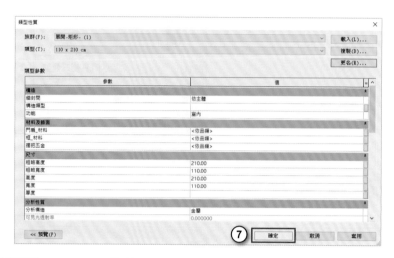

08. 門已變更為 110 x 210 的單開門，如圖所示。

09. 點選左側窗戶，如圖所示。

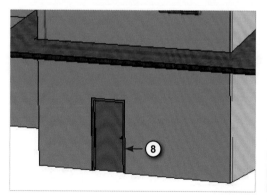

10. 點擊性質下方的【編輯類型】，
如圖所示。

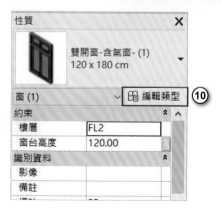

11. 在【寬度】的右邊值欄位輸入「150」，在【高度】的右邊值欄位輸入「210」。

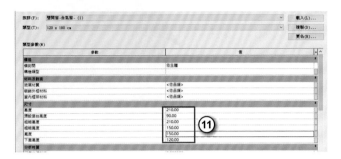

12. 點擊【更名】，如圖所示。

13. 在【新名稱】的欄位中輸入「**150 x 210 cm**」，並點擊【確定】。

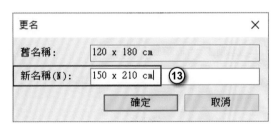

14. 變更完後按下【確定】，如圖所示。

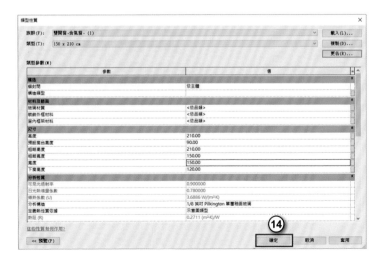

15. 所有相同類型的窗戶將會一起變
更為新的尺寸。

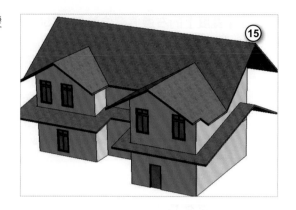

5-3 載入族群

---

01. 延續上一個章節的檔案。

02. 點擊【建築】頁籤 →【窗】。

03. 點擊【修改 / 放置　窗】頁籤 →
【載入族群】。

04. 在右上方點擊【 📁 (移到上一層) 】，如圖所示。

05. 滑鼠左鍵兩下點擊【 **Chinese_Trad_INTL** 】資料夾。

06. 左鍵兩下點擊【 **窗** 】，如圖所示。

07. 點選要載入的窗戶樣式，並可以按住 Ctrl 鍵加選多種窗戶的樣式，並按下【開啟】。或是直接從範例檔，載入窗戶族群〈固定窗 - 矩形 (4).rfa〉與〈固定窗 - 矩形 (5).rfa〉，如下圖。

08. 在要置入窗戶的位置點擊下滑鼠左鍵，如圖所示。

09. 可以連續點擊，置入窗戶。

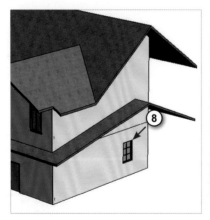
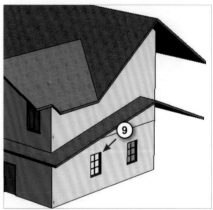

10. 在功能區點擊【修改】，或者按下 Esc 鍵，離開指令。

11. 點選兩個要更換的窗戶，按住
⌈Ctrl⌋ 鍵可以做複選。

12. 在性質下方的下拉式選單中點擊
插入的另一個窗型。

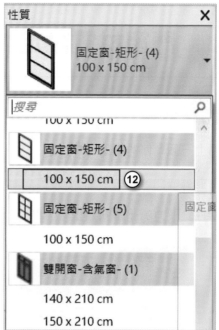

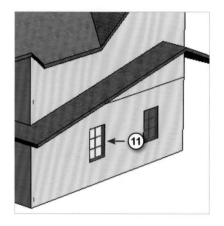

13. 成功更換窗戶類型，此類型窗戶是由族群新增進來的。

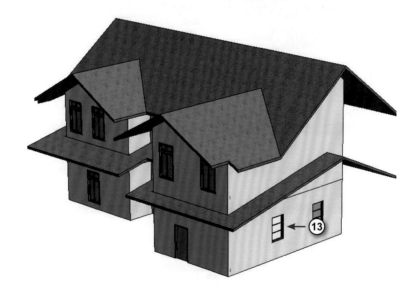

5-4 門窗材質設定

變更門材質

01. 延續上一個章節的檔案。

02. 點擊並選取門，如圖所示。

03. 點擊性質下方的【編輯類型】，如圖所示。

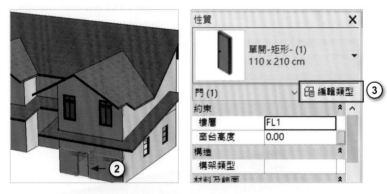

04. 點選【門扇_材料】右邊的【依品類】。

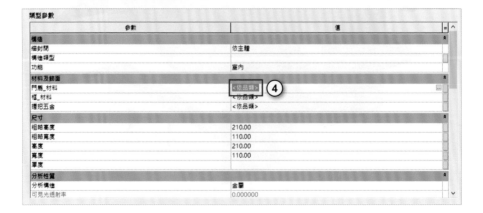

05. 在材料後方會出現【 ⋯ 】，點擊【 ⋯ 】進入編輯。

06. 點擊【常用】前方的三角
形箭頭，如圖所示。

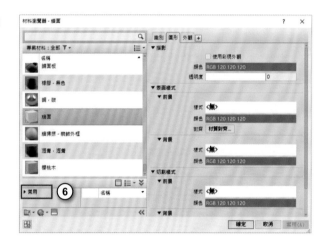

07. 點擊【AEC 材料】前方的
箭頭，並點選【木材】。

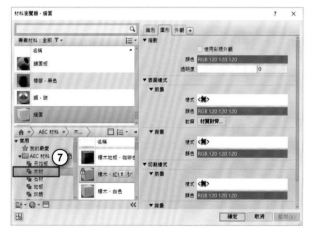

08. 在名稱的下方點選【橡木、白色】，並點擊後方的【↑】箭頭，將資源庫材料加入專案材料。

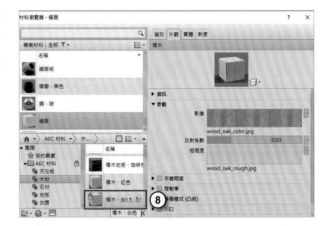

09. 完成後按下【確定】。

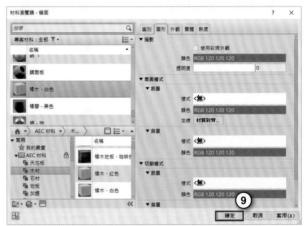

10. 材質已經變更為【橡木、白色】，按下【確定】。

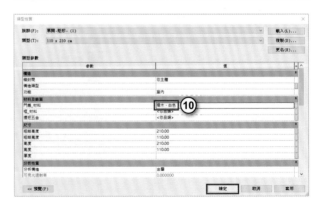

11. 按下 Esc 鍵取消門的選取，可
看見門的材料已改變。

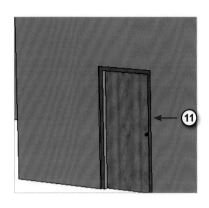

修改材質尺寸

01. 延續上一個章節的檔案。

02. 點選門，如圖所示。

03. 點擊性質下方的【編輯類型】，如圖所示。

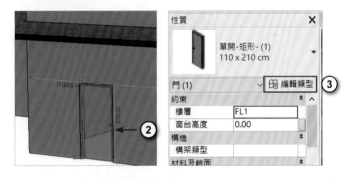

04. 點選【門扇_材料】右邊的【橡木、白色】材料，在材料後方會出現【…】，點
擊【…】進入編輯。

05. 在專案材料欄位會顯示現在的材料為【橡木、白色】，點擊右邊的【外觀】頁籤。

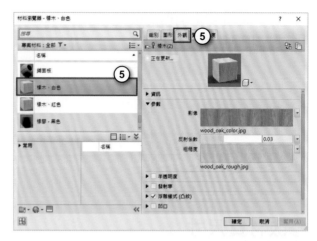

06. 點擊浮雕樣式的前方箭頭並勾選【浮雕樣式】。

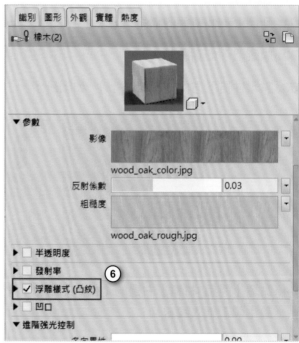

07. 點擊【影像】旁邊的圖示，如圖所示。

08. 將影像亮度調暗，改變材質顏色。

09. 往下滑至比例面板，點擊右側 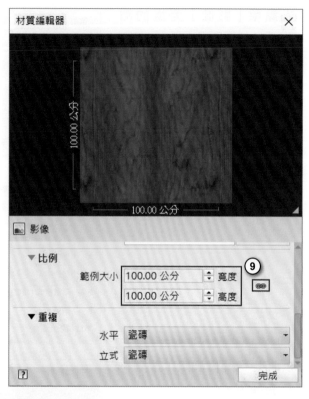 解鎖比例，並將寬度與高度設為 100。點擊完成。

10. 變更完成後按下【確定】，如圖所示。

11. 點擊【**確定**】，如圖所示。

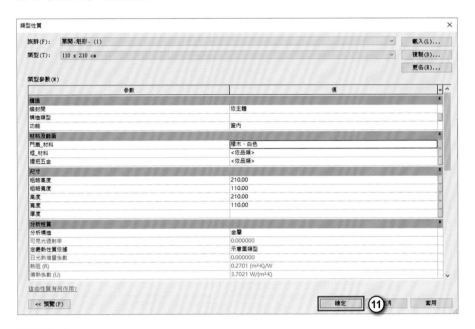

12. 即可完成。

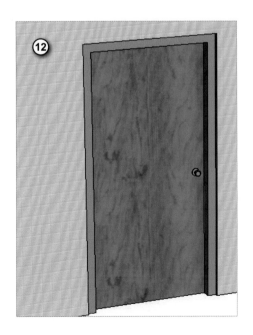

6 坡道、樓梯與扶手欄杆

▶

現今大樓數量日益增長,平房減少,且須考慮無障礙設施,樓梯與坡道已然為必備配置。第一次使用 Revit 或許不習慣設定樓梯與扶手的方式,但若理解其規律,多練習幾次,相信即可上手。

6-1 樓梯元件繪製

各種樓梯的繪製

01. 點擊【檔案】→【新建】→【專案】。

02. 點擊【瀏覽】→選擇 Default TWNCHT_2020.rte 樣板檔來建立專案。

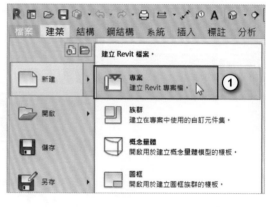

03. 點擊【管理】頁籤→【設定】面板→【專案單位】。

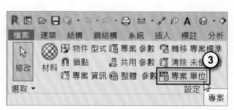

04. 確認長度的單位為 cm 公分,點擊【確定】。

05. 點擊【建築】頁籤 →【通道】
面板→【樓梯】。

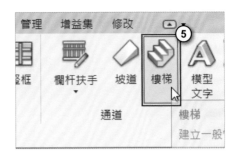

06. 點擊【修改 / 建立樓梯】頁籤 →
【元件】→【直線】。

07. 在畫面中點擊滑鼠左鍵，決定樓
梯的起點。

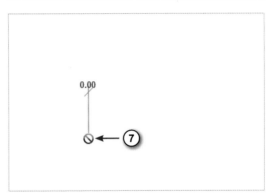

08. 移動滑鼠決定樓梯的方向，使
樓梯下方顯示「建立了 20 個豎
板，還有 0 個豎板」，表示使用
完所有豎板，樓梯將會從 1F 長
到 2 樓，否則樓梯高度會不足。

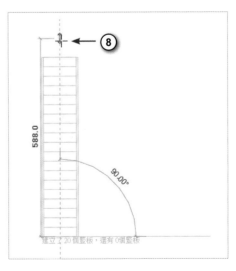

09. 按下滑鼠的左鍵，決定樓梯的終點。

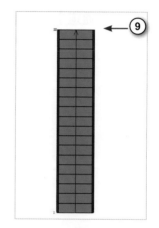

10. 完成後點擊【修改 / 建立樓梯】頁籤 →【 ✔ 】按鈕。

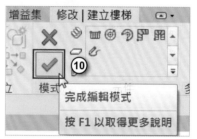

11. 點擊快速存取區上的【 ⌂ 】，將畫面切換到 3D 視角。

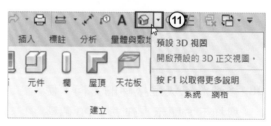

12. 樓梯繪製完成。

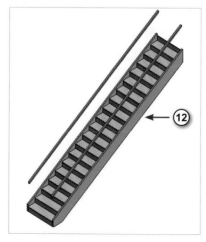

13. 點擊右上方的視圖方塊 →【上】，
切換到從上面看。

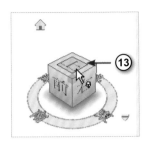

14. 點擊【建築】頁籤 →【通道】
面板→【樓梯】。

15. 點擊【整步螺旋】。

16. 在畫面中點擊滑鼠左鍵，決定螺
旋樓梯的中心點。

17. 移動滑鼠決定方向以及半徑大小。

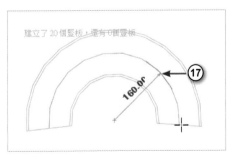

18. 確認後按下滑鼠左鍵，如圖所示。

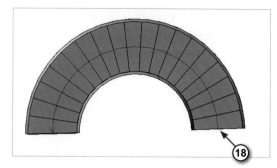

19. 完成後點擊上方【✓】按鈕。

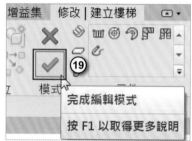

20. 點擊右上角視圖方塊的小房子，切換到主視圖來觀察螺旋樓梯。

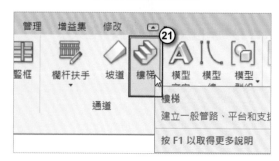

21. 接著我們來繪製不同模式的螺旋樓梯，點擊【建築】頁籤 →【通道】面板 →【樓梯】。

22. 點擊【圓心 - 端點螺旋】。

23. 點擊滑鼠左鍵決定中心點並移動
滑鼠決定半徑大小。

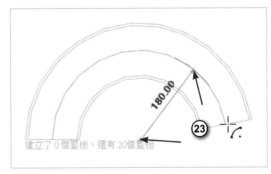

24. 再次點擊滑鼠左鍵決定起點位
置，再移動滑鼠點擊左鍵決定樓
梯的終點位置。

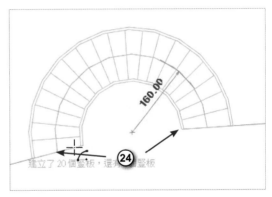

25. 點擊上方【✓】按鈕。

26. 完成端點螺旋梯繪製。

27. 點擊【建築】頁籤 →【通道】
面板 →【樓梯】。

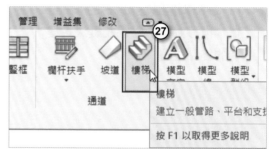

28. 點擊【L形螺旋梯踏步】。

29. 移動滑鼠到要放置樓梯的位置，
點擊滑鼠左鍵。

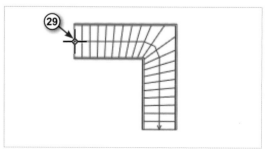

30. 點擊【✓】按鈕。

31. 完成 L 形螺旋梯繪製。

32. 點擊【建築】頁籤 →【通道】
面板 →【樓梯】。

33. 點擊【U 形螺旋梯】。

34. 移動滑鼠到要放置樓梯的位置，
點擊滑鼠左鍵。

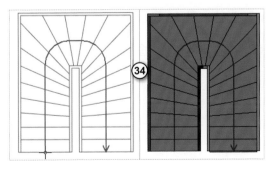

35. 點擊【✔】按鈕。

36. 完成 U 形螺旋梯繪製。

樓梯的變化畫法

01. 切換到 1F 平面圖,【建築】→【樓梯】,選擇直線樓梯。

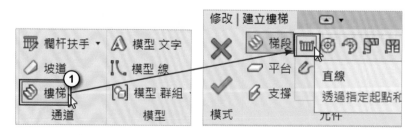

02. 先往上畫 11 個豎板。

03. 在右側再往下繪製其他 11 個豎板。

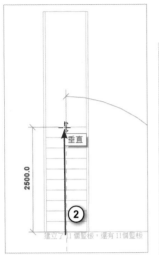

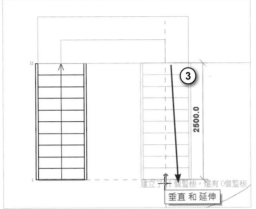

04. 點擊【 ✔ 】完成，到 3D 視圖檢視
樓梯。

樓梯的編輯

01. 延續上一個章節的檔案，留下直
線樓梯，刪除其他樓梯。

02. 點擊扶手並按下 Ctrl 鍵，選取
另一邊的扶手。

03. 點擊性質下方的下拉式選單，點選【900mm 圓管】。

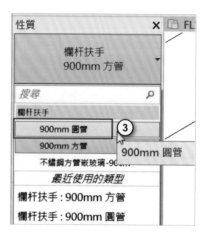

04. 扶手就會變更為 900mm 圓管的類型，如圖所示。

05. 點擊樓梯的階梯位置，如圖所示。

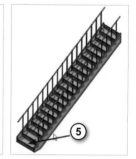

06. 點擊性質的下拉式選單，點選【RC 梯】。

07. 階梯就會變更為 RC 梯的類型。

08. 將滑鼠移動到樓梯並連續點擊滑鼠左鍵兩次，編輯樓梯。

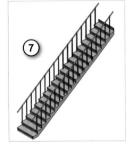
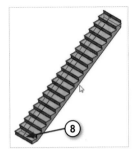

09. 點選樓梯，如圖所示。

10. 在性質的下方，將滾輪往下方捲動，在實際梯段寬度的數值中輸入【150】，並點擊【套用】。

11. 切換到【東立面圖】，可以發現樓梯從一樓長到二樓。

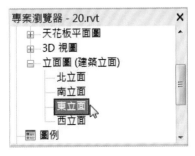
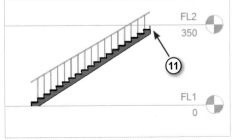

12. 按下 ⌈Esc⌋ 取消選取，在性質面板，所需梯級數輸入「**25**」，實際梯級數不會變。

13. 目前階梯還是 20 階，所以階梯無法從一樓長到二樓。

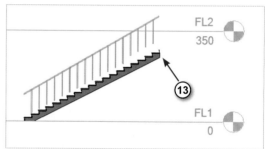

14. 切換到 FL1 樓板平面圖，選取階梯，往上拖曳圓形端點。

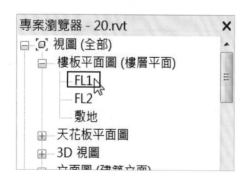

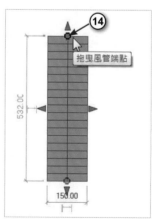

15. 往上拖曳 5 個階梯，如圖所示。

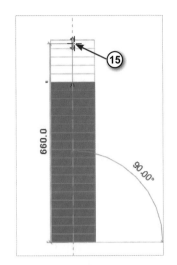

16. 切換到東立面圖，階梯已經可以
長到二樓。

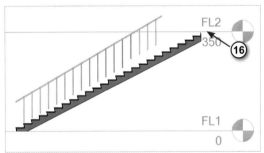

💡 小秘訣

若拖曳三角形端點，則階梯只會上下移動，不會改變階梯數目。

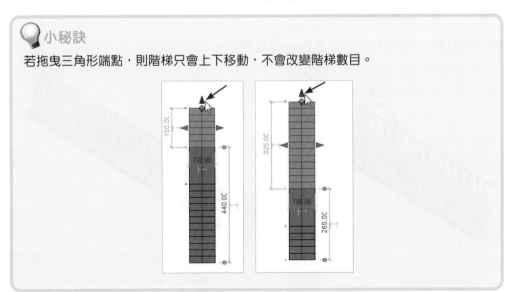

17. 點擊【翻轉】按鈕。

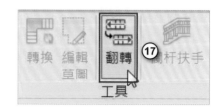

18. 階梯方向會反轉。

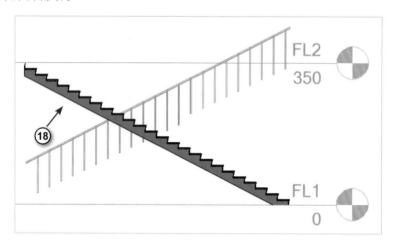

加入 / 刪除樓梯扶手

01. 選取樓梯的兩個扶手，按下 Delete 鍵刪除。

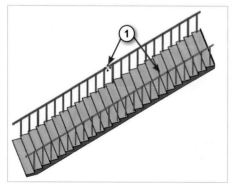
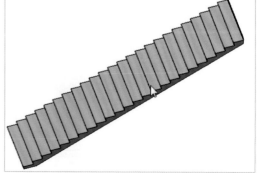

02. 點擊【建築】頁籤←【通道】面
板←【欄杆扶手】的下拉式選單
←【在樓梯 / 坡道上放置】。

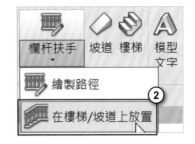

03. 在性質面板選擇扶手類型，再選取樓梯，完成。

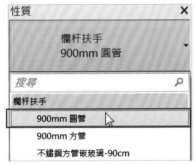

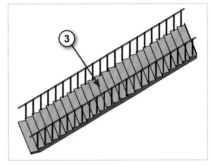

04. 點擊上方【✓】按鈕。

05. 完成樓梯編輯。

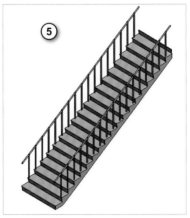

樓梯的性質設定

01. 點擊右上方的視圖方塊,並點擊
【上】,切換為上視圖。

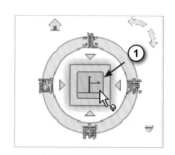

02. 在【建築】頁籤 → 點擊【樓梯】
指令。

03. 點擊【梯段】,再點擊【 (直
線)】。

04. 在性質下的下拉式選單中點選
【鋼梯】的類型。

05. 點擊性質下方的【編輯類型】,
如圖所示。

06. 豎板高度最大值為【**18**】，最小踏板深度為【**28**】，繪製樓梯時高度超過 18 會
出現警告提示，確認後點選【**確定**】。

07. 在性質面板，往下捲動捲軸，在
尺寸的下方【**所需梯級數**】輸
入「25」，表示一層樓有 25 階
階梯。【**實際級深**】輸入「**28**」，
表示每階階梯深度 28。點擊【**套
用**】。

08. 在選項列的【**定位線**】的下拉式選單中點擊【**梯段：中心**】，並在實際梯段寬
度中輸入「150」。

09. 在畫面中點擊滑鼠左鍵,決定起點的位置。

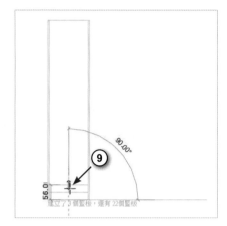

10. 將滑鼠往上移動,在下方可以看到豎板的數量。

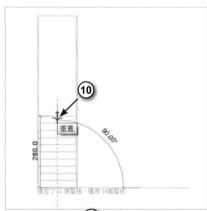

11. 在階梯一半的位置按下滑鼠左鍵,如圖所示。

12. 移動滑鼠到階梯的垂直方向並按下滑鼠左鍵,決定另一側的階梯起點,如圖所示。

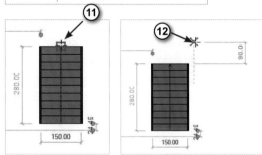

13. 將滑鼠往右移動，會出現剩餘豎
板的數量，用完所有豎板。

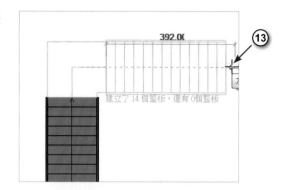

14. 按下滑鼠左鍵，完成樓梯的繪
製。

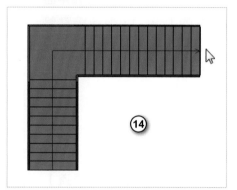

15. 點擊上方【 ✓ 】按鈕。

16. 完成 L 形樓梯的繪製。

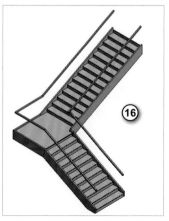

6-2 樓梯草圖繪製

樓梯繪製方式

01. 延續上一個章節的檔案。

02. 點擊專案瀏覽器下方的樓板平面
圖前方的【 ⊞ 】，並連續點擊
【FL1】兩次，切換到一樓樓板
平面圖。

03. 點擊【建築】頁籤 →【通道】
面板 →【樓梯】。

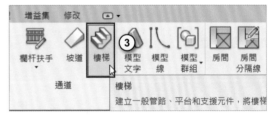

04. 點擊上方【梯段】，並點擊【 ✐
（繪製草圖）】來繪製梯段。

05. 點擊【邊界】，並點擊【 ╱ （直
線）】，使用直線繪製樓梯邊界。

06. 任意位置按下滑鼠左鍵，決定起
點的位置。

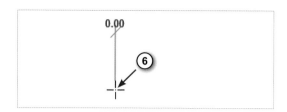

07. 滑鼠往上移動輸入數值「425」，
並按下 Enter 。

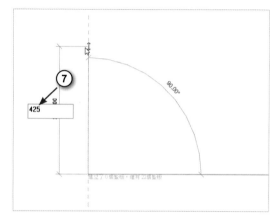

08. 滑鼠往右移動輸入數值「550」，
並按下 Enter 。

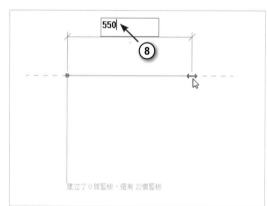

09. 按下 Esc 鍵，結束邊界繪製。

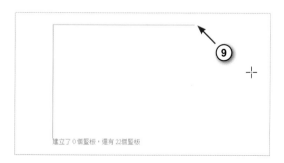

10. 繪製工具點擊【 📐 (點選線)】。

11. 在選項列中的【**偏移**】輸入「150」，如圖所示。

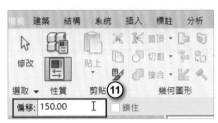

12. 將滑鼠移動到垂直線段的右側，將會出現偏移的預覽虛線。

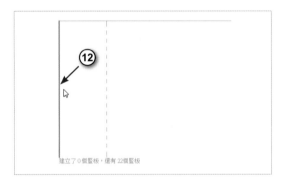

13. 按下滑鼠左鍵，確定邊界的線段。

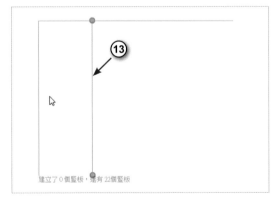

14. 將滑鼠移動到水平線段的下側，
將會出現預覽的虛線。

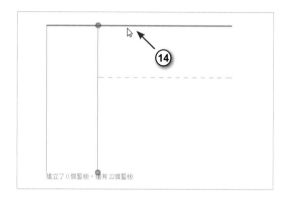

15. 按下滑鼠左鍵，確定邊界的線
段。

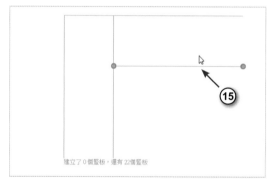

16. 點擊【 ▦ （修剪 / 延伸到角）】
指令。

17. 點擊垂直線下方的位置再點擊水平線段，如圖所示。

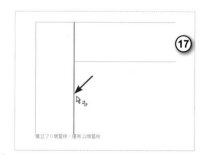
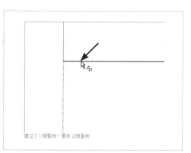

18. 完成修剪。

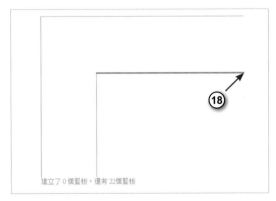

19. 點擊【豎板】，再點擊【 ✎（直線）】，以直線來繪製豎板。

20. 點擊兩垂直線段的端點，做兩邊界線的連接，如圖所示。

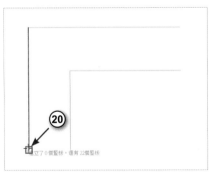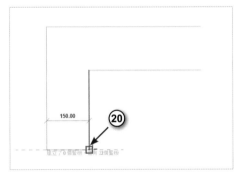

21. 繪製工具選擇【 ✎（點選線）】。

22. 在選項列中的【偏移】輸入「25」，如圖所示。

23. 將滑鼠移動要偏移的豎板線段上
方，將會出現偏移的預覽虛線。

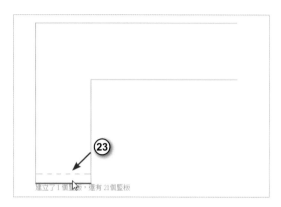

24. 按下滑鼠左鍵，繪製偏移的豎板
線段。

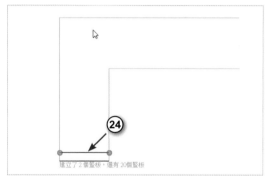

25. 依相同的方式繪製出 10 個豎板。

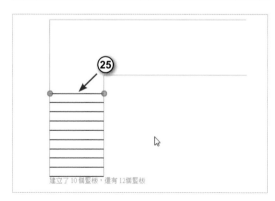

26. 繪製工具選擇【 ⁄ (直線)】。

27. 點擊兩水平線段的端點，做兩邊界線的連接，如圖所示。

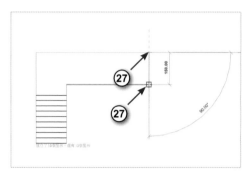 

28. 繪製工具選擇【點選線】，在下方選項列中的【偏移】輸入「25」，如圖所示。

29. 將滑鼠移動要偏移的豎板線段左側，將會出現偏移的預覽虛線。

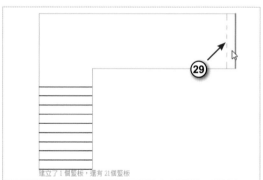

30. 按下滑鼠左鍵，繪製偏移的豎板線段。

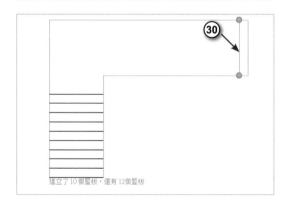

31. 依相同的方式繪製到下方顯示為
零個豎板，豎板用完代表樓梯已
經到指定的高度。

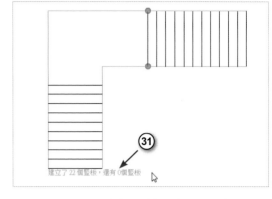

 小秘訣

若看不見豎板數目，表示沒有切換
到 1 樓樓板平面圖。

32. 點擊【**樓梯路徑**】，再點擊【
(線)】。

33. 點擊下方豎板的中點，開始繪製
樓梯路徑。

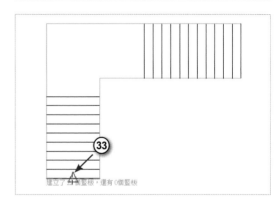

34. 將滑鼠往上移動到 350 距離的位
置，按下滑鼠左鍵。

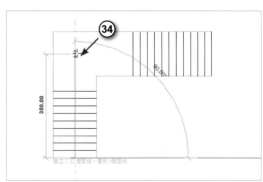

35. 滑鼠往右移動,點擊右側豎板中點完成後按下 Esc。

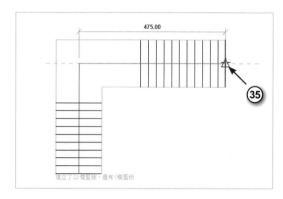

36. 點擊【 (分割元素)】指令。

37. 將滑鼠移動到要切斷的位置且線段會亮起藍色,確定後按下滑鼠左鍵,分割平台與階梯的線段。

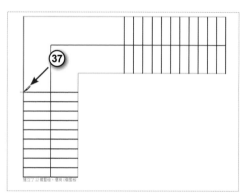

38. 依序點擊要切斷的平台線段,如圖所示。

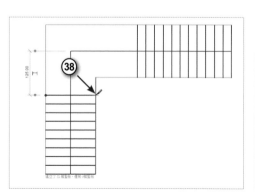
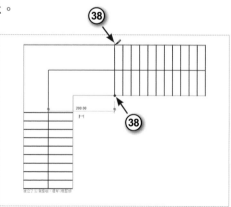

39. 將滑鼠移動到切斷的位置，確認
線段已經分開。

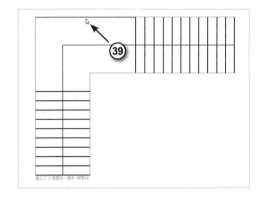

40. 點擊【✓】按鈕，結束草圖的編
輯模式。

41. 點擊【✓】按鈕，結束樓梯的編
輯模式。

42. 完成草圖繪製的 L 形樓梯。

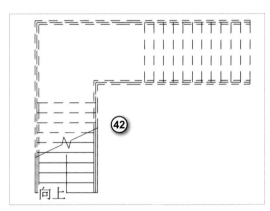

43. 可以切換到 3D 視圖確認繪製好的 L 形樓梯。

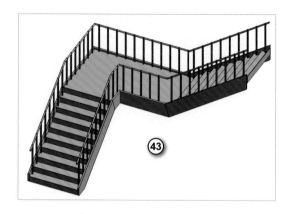

6-3 欄杆扶手建立

欄杆繪製方式

01. 點擊【檔案】→【開啟】，選擇〈6-3 欄杆扶手 .rvt〉，開啟範例檔。

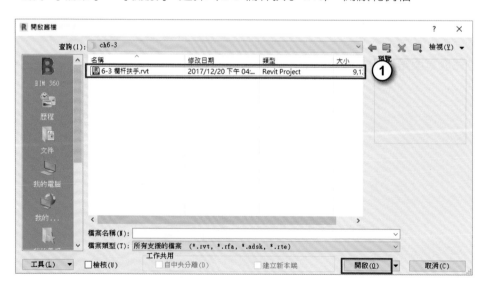

02. 在左邊專案瀏覽器下方點擊【**樓板平面圖**】前方的【**+**】，並點擊【**1 樓**】兩次。

03. 點擊【**建築**】頁籤→【**通道**】面板→【**欄杆扶手**】。

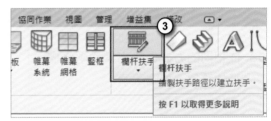

04. 點擊【**修改 / 建立扶手路徑**】頁籤 →【**繪製**】面板→【**點選線**】，如圖所示。

05. 在選項列【**偏移**】輸入「20」，再按下【**確定**】。

06. 將滑鼠移動到要偏移線段的上方，往上偏移的線段將會出現藍色虛線。

07. 按下滑鼠左鍵，偏移完成。

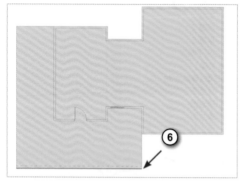 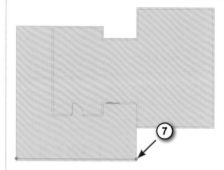

08. 依相同的方式偏移出其餘兩條欄杆的路徑，如圖所示。

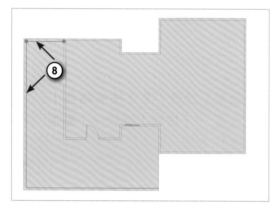

09. 完成後點擊【✓】按鈕完成。

10. 點擊快速存取區上的【🔲】，將畫面切換到 3D 視角。

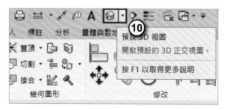

11. 點選欄杆。

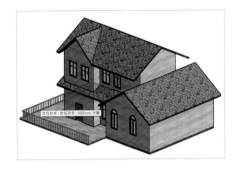

12. 點擊性質下方下拉式選單中，
並點選【不鏽鋼方管嵌玻璃 90
cm】類型。

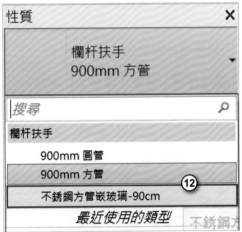

13. 可以將欄杆更換成其他的樣式。

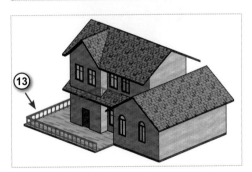

14. 在性質面板中,【基準樓層】選
　　擇【樓層2】,並點選【套用】。

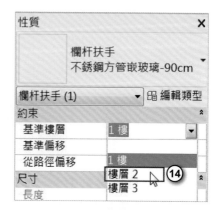

15. 可以將欄杆移動到 2F 的位置。

16. 【基準樓層】選擇【樓層1】,將欄杆恢復到 1F 的位置,並連續點擊兩次欄杆,
　　可以再次進入到編輯模式,可看見粉紅色的扶手路徑。

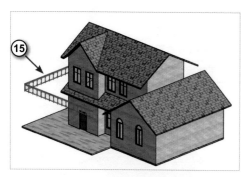

17. 點擊【✓】按鈕離開編輯模式。

18. 完成欄杆繪製。

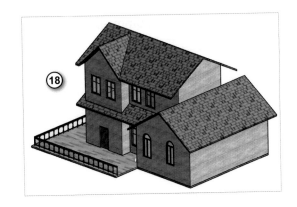

扶手設定

01. 延續上一個章節的檔案。

02. 選取要編輯的欄杆，切換為
【**900mm 圓管**】類型。

03. 點擊性質下方的【**編輯類型**】，
如圖所示。

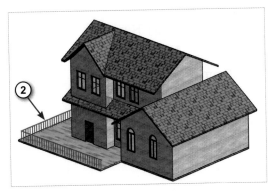

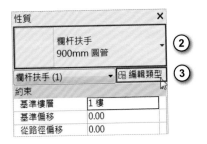

04. 點擊【**複製**】，複製一個欄杆類型。

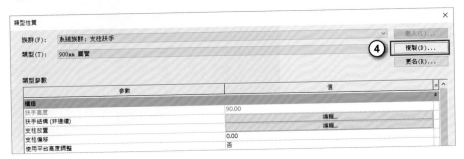

05. 將名稱變更為【900mm 新
欄杆】，並按下【確定】。

06. 在【嵌板頂部裝飾邊條高
度】的【高度】參數中輸
入「100」。

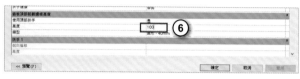

07. 點擊【類型】欄位，再點
擊右側出現的【[...]】，編
輯頂部扶手類型。

08. 在【類型】的下拉式選
單中點擊【矩形 50 x
50mm】，並點擊下方的
【確定】。

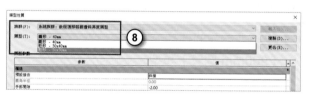

09. 設定完成後，再按下【確
定】結束類型編輯。

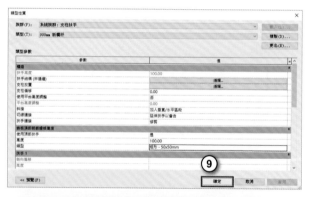

10. 欄杆將會設置成矩形
50x50 的方管，高度會變
100。

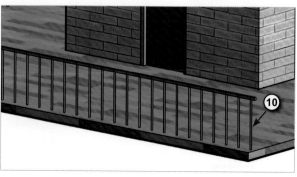

11. 再次點擊【**編輯類型**】。

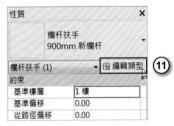

12. 點擊【**扶手結構**（**非連續**）】旁邊的【**編輯**】。

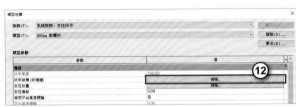

13. 點擊【**插入**】，插入新的欄杆。

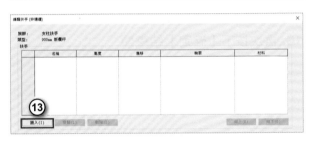

14. 在高度的位置中輸入「90」，並在輪廓的下拉式選單中點選【**矩形扶欄：40 x 30mm**】。

15. 再次點擊【**插入**】，插入新的欄杆。

16. 在【高度】的位置中輸入「80」，並在【輪廓】的下拉式選單中點選【矩形扶欄：40 x 30mm】。

17. 點擊【新扶手 (2)】，並點選【向下】調整排序，完成後點擊下方的【確定】。

18. 再次按下【確定】結束類型編輯。

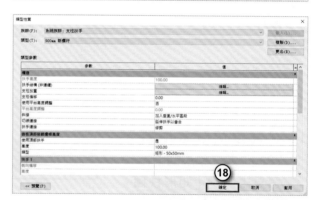

19. 完成扶手的設定，可以從圖中看出扶手已經變換成新的樣式。

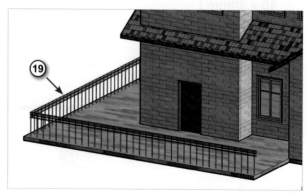

欄杆設定

01. 延續上一個章節的檔案。

02. 點選欄杆。

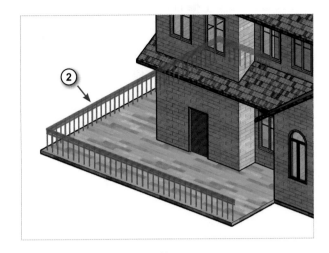

03. 點擊性質下方的【編輯類型】。

04. 點擊類型參數下方的【支柱放置】旁邊的【編輯】。

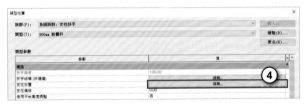

05. 點擊【支柱族群】的下拉
式選單選擇【欄杆 - 正方
形：30mm】，並在【距
前一個的距離】中輸入
「100」，完成後按下【確
定】。

欄杆的主要樣式，由此設定重複排列的欄杆

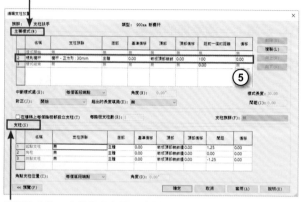

欄杆的支柱，由此設定起點、終點與轉角的欄杆

06. 設定完成後按下【確定】
結束類型編輯。

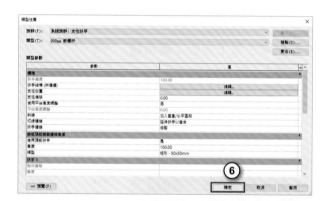

07. 各欄杆間的距離就會變成
100，且形狀變成正方形。

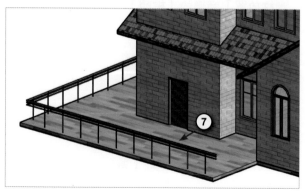

08. 再次選取欄杆,點擊【編輯類型】。

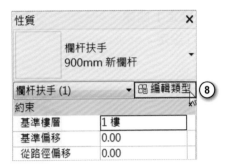

09. 點擊【支柱放置】旁邊的【編輯】。

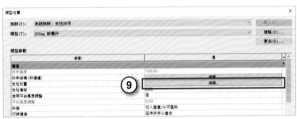

10. 在下方支柱表格的【起點支柱】、【角柱】、【終點支柱】的支柱族群下拉式選單中點擊【欄杆-圓形:100mm】,並點擊【套用】。

11. 點擊【預覽】,可以展開視圖做預覽,再點擊一次【預覽】可以收回預覽。

> 預覽視窗,可按住滑鼠中鍵平移,滾輪可縮放,按住 Shift+中鍵,可以環轉視角

12. 在對正的下拉式選單中點選【置中】,並按下【套用】,可以將中間欄杆改變到置中的位置。

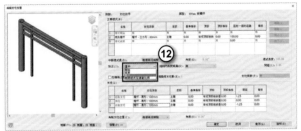

13. 完成後按下【確定】關閉
視窗，完成欄杆設定。

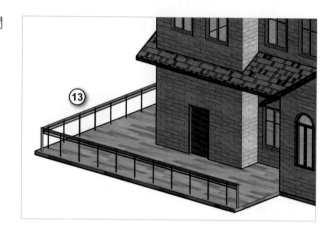

玻璃嵌板設定

01. 延續上一個章節的檔案。

02. 點擊【插入】頁籤 →【載
入族群】。

03. 可直接開啟範例檔〈嵌板
(5)- 玻璃 .rfa〉，或選擇【圍
欄】→【欄杆】資料夾。

04. 點擊【M_ 嵌板 - 鑲嵌玻
璃 .rfa】或其他想要的類
型，並點擊【開啟】，將
新的欄杆匯入。

05. 點選欄杆。

06. 點擊性質下方的【編輯類型】。

07. 點擊【支柱放置】旁邊的【編輯】。

08. 點擊【規則欄杆】，並按下【複製】複製出一個欄杆。

09. 並將【對正】方式變更為【開始】。

10. 點擊第二個規則欄杆的【支柱族群】下拉式選單中的【嵌板(5)-玻璃：800mm】。

11. 在下方欄位中點擊【預覽】，再點擊【套用】，可以觀察選取的欄杆樣式。

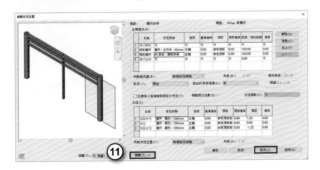

12. 在第三、四行的【距前一個的距離】中輸入「40」，第二行的距離則輸入「0」並點擊【套用】，將玻璃移動到正確的位置。

13. 在第三行的【基準偏移】輸入「10」，【頂部偏移】輸入「-20」，點擊【套用】，並點擊【確定】。

14. 點擊【確定】，完成設定。

15. 完成玻璃嵌板的設定。

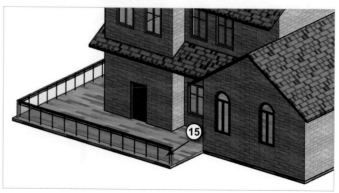

族群的類型性質修改

01. 延續上一個章節的檔案。

02. 點選欄杆。

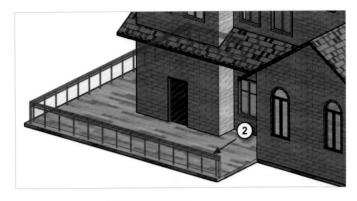

03. 點擊性質下方的【編輯類型】。

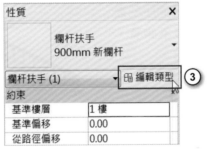

04. 點擊【支柱放置】旁邊的【編輯】。

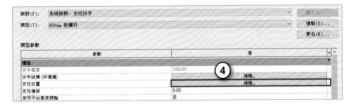

05. 在第三、四行的【距前一個的距離】中輸入「50」，並點擊下方的【確定】。

06. 點擊【確定】，完成設定。

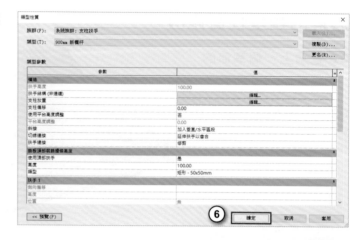

07. 玻璃嵌板與方形欄杆的間距就會變成 50，使玻璃嵌版不夠寬，接下來要調整玻璃寬度。

08. 移動滑鼠到專案瀏覽器的下方，並點擊【族群】前方的【＋】。

09. 點擊【欄杆扶手】前方的【＋】，再次點擊【嵌板 (5) - 玻璃】前方的【＋】。

10. 點選【800mm】，並按下滑鼠右鍵點選【類型性質】。

11. 尺寸的下方長度的
位置輸入「100」，
並按下【更名】。

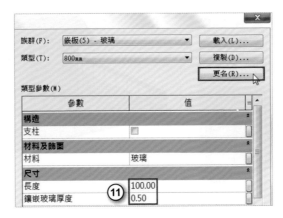

12. 將新名稱變更為
【1000mm】，按下
【確定】。

13. 點擊【確定】，完成
設定。

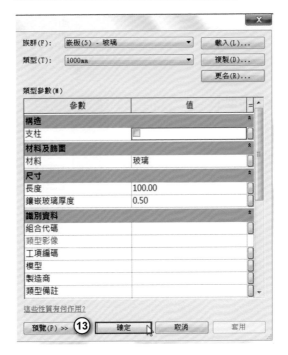

14. 欄杆的玻璃嵌板
尺寸將會變更為
100，如圖所示。

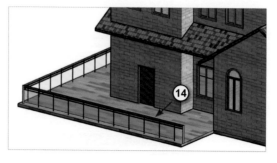

15. 另外一個修改族群方式，是先點
選專案瀏覽器下方的【嵌板 (5)
- 玻璃】，按下滑鼠右鍵點擊【編
輯】。

16. 點擊【族群類型】。

17. 此處可以進行參數的修改，如圖
所示。

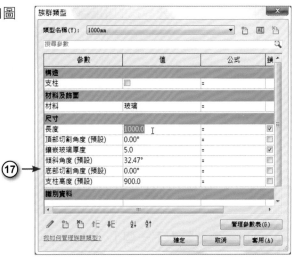

18. 修改完成後，點擊【載入專
案】，就可以將新的欄杆載入。

19. 介紹搜尋族群的小技巧，點擊選
取專案瀏覽器下方的任一分類，
按下滑鼠右鍵點擊【搜尋】。

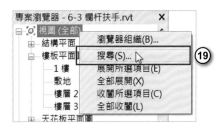

20. 輸入要搜尋的關鍵字如【玻璃】，
如圖所示。

21. 可以比較快找到要尋找的相關物件。

22. 可以繼續點擊【下一個】，來尋找要的物件。

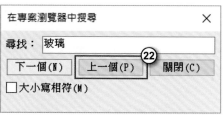

23. 就可以較快搜尋到要尋找的目標，完成搜尋。

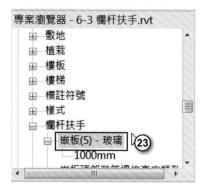

$6-4$ **坡道建立**

坡道繪製方式

01. 按下 [Ctrl] + [N] 鍵，新建專案。

02. 在視窗中的下拉式選單中點選
【建築樣板】，點擊【確定】。

03. 點擊【管理】頁籤→【專案單
位】。

04. 確定長度單位為 cm，按下【確
定】，完成專案單位設定。

05. 點選【建築】頁籤 →【通道】面板 →【坡道】。

06. 在性質面板選擇【行人坡道】類型,【基準樓層】下拉式選單中點選【FL1】,【頂部樓層】選擇【FL2】。

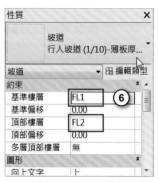

07. 點擊【梯段】,再點擊【直線】,使用直線來繪製梯段。

08. 移動滑鼠到任意位置,並按下滑鼠左鍵,決定坡道起點。

09. 滑鼠往右移動,輸入「1200」,按下 Enter 鍵。

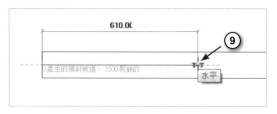

10. 滑鼠放在右側線段下方,適當距離即可,按下滑鼠左鍵,決定第二段坡道的起點。

11. 將滑鼠往左邊水平方向移動到 1200 的位置，按下滑鼠左鍵。

12. 滑鼠往下移動會出現對齊的虛線，按下滑鼠左鍵，決定第三段坡道的起點。

13. 往右畫到底，顯示「0 剩餘的」提示字樣。

14. 點擊上方的【 ✓ 】按鈕。

15. 在專案瀏覽器，點擊立面圖前方的【 + 】，並點擊兩次【北】，將視圖切換到北立面。

16. 可以觀察到坡道的高度由 1F 到 2F。

17. 點擊【🏠】將視圖切換到 3D 視角檢視坡道。

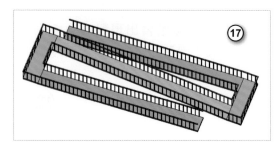

18. 在專案瀏覽器，點擊樓板平面圖前方的【+】，並點擊【**FL1**】。

19. 點選坡道，不要選取到扶手。

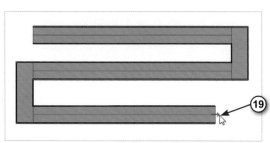

20. 點擊坡道前方的箭頭，可以翻轉坡道的向上方向。

21. 點擊【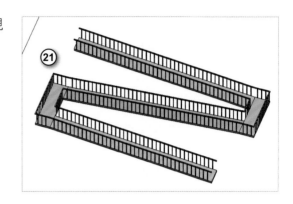】將視圖切換到 3D 視角，完成坡道繪製。

坡道尺寸修改

01. 延續上一個章節的檔案。

02. 在專案瀏覽器，點擊樓板平面圖前方的【 + 】，並點擊【FL1】。

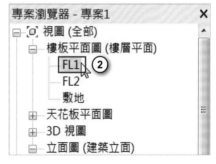

03. 連續點擊坡道兩次，可以進入編輯模式。

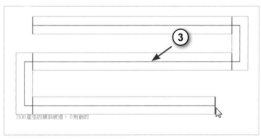

04. 點擊【修改 / 坡道】頁籤 →【測量】面板→【 （對齊標註）】。

05. 點擊兩條綠色的邊界，移動滑鼠
到上方並點擊左鍵放置尺寸標註。

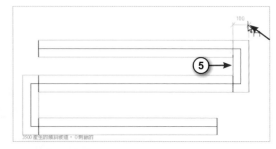

06. 點擊左上方的【**修改**】，可以結
束標註指令並用來選取其他物
件。

07. 點擊最右邊的邊界線，表示要修
改的目標。

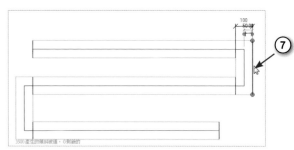

08. 點選上方的尺寸數字，並輸入
「200」，按下 Enter 鍵。

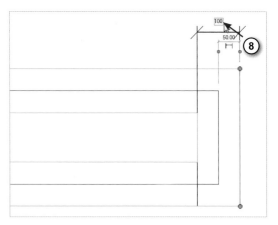

09. 平台的寬度就會變為 200。

10. 除了使用對齊標註，也可以直接
選取左側坡道邊界線。

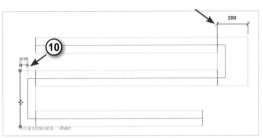

11. 會出現暫時性尺寸，拖曳右側端
點到坡道右邊邊界。

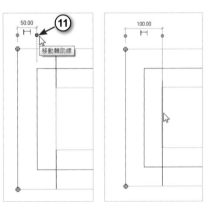

12. 點擊暫時尺寸的數字，就能更改
坡道寬度。

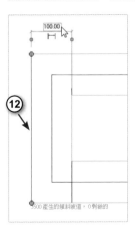

13. 平台的尺寸皆修改為 200。

14. 點擊上方的【 ✔ 】按鈕，完成
坡道編輯。

15. 點擊選取，不要選到扶手坡道。

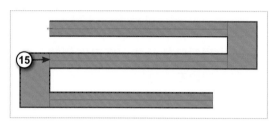

16. 在性質下方的【寬度】位置輸入
「150」，並點擊【套用】。

17. 除了平台以外的坡道寬度會一起
修改為 150。

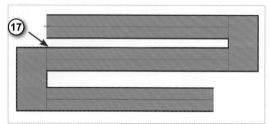

18. 點擊【　】將視圖切換到 3D 視角。

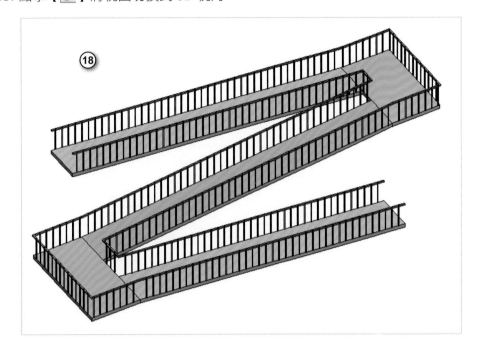

7 屋頂建立

本章介紹依跡線建立屋頂、依擠出建立屋頂的兩種方式,來完成不同型式的斜屋頂,並繪製屋頂上的開口。

7-1 依跡線建立屋頂

範例一

01. 請開啟範例檔案〈**7-1 依跡線建立屋頂 .rvt**〉。

02. 在專案瀏覽器，點擊樓板平面圖前方的【+】，並點擊【FL2】。

03. 點擊【建築】頁籤 →【建立】面板 →【屋頂】的下拉式選單點擊【依跡線建立屋頂】。

04. 繪製工具選擇【點選牆】，可點選牆來建立屋頂邊界。

05. 在選項列的【挑簷】中輸入「60」，如圖所示，挑簷就是屋頂邊緣與牆體的距離。

06. 移動滑鼠到牆線的位置會出現藍色虛線。

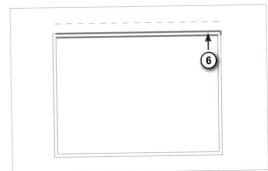

07. 按下滑鼠左鍵就可以建立出屋頂的線段。

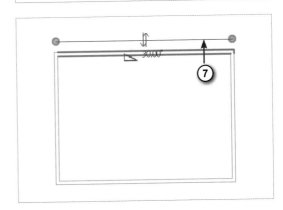

08. 依相同的方式建立出四邊屋頂，如圖所示。

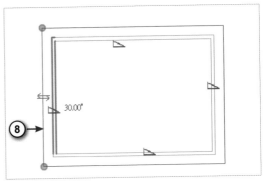

09. 完成後點擊上方【 ✓ 】按鈕完成
屋頂。

10. 點擊快速存取區上的【 🏠 】，將畫面切換到 3D 視角。

11. 按下滑鼠左鍵選取屋頂。

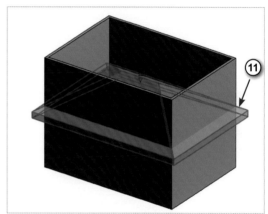

12. 點擊性質下方類型的下拉式選單
並點選【基本屋頂 - 通用 -125
mm】類型，【基準樓層】選擇
【FL3】，並點擊【套用】。

13. 屋頂將會移動到 3 樓，如圖所示。

14. 連續點擊兩次屋頂，可以進入編輯模式。

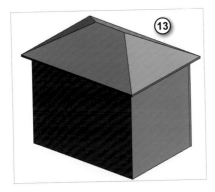
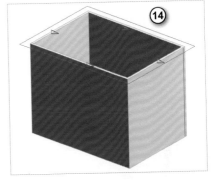

15. 選取全部粉紅色線段，在性質面板的【斜度】輸入「20」。

16. 完成後點擊上方的【✓】，可以修改屋頂的角度為 20 度。

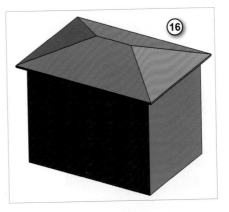

17. 連續點擊兩次屋頂，進入編輯模式，點擊並按下 Ctrl 鍵，同時選取屋頂的前後兩條線。

18. 將選項列的【定義斜度】取消勾選。

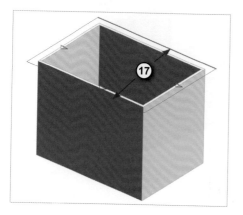
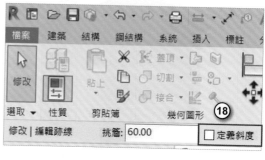

19. 點擊上方的【✓】，屋頂的前後斜度將會被取消。

20. 將視圖切換到前視圖，並框選所有的牆面。

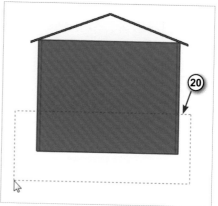

21. 點擊【修改/牆】頁籤 →【修改牆】面板→【貼附頂/底】。

22. 點擊屋頂，如圖所示。

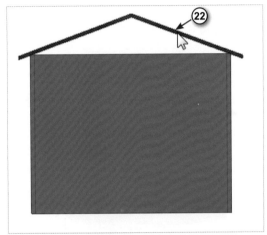

23. 牆面就會長到屋頂的底端。

24. 框選牆面，如圖所示。

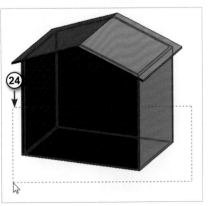

25. 點擊【修改 / 牆】頁籤 →【修改牆】面板→【分離頂 / 底】。

26. 點擊並選取屋頂，如圖所示。

27. 牆面就會跟屋頂分離。

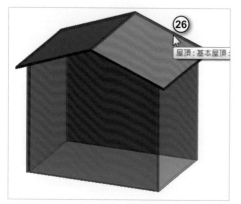

28. 連續點擊屋頂兩下，進入編輯模式，點擊左邊線段。

29. 將選項列的【定義斜度】取消勾選，並點擊【✓】結束屋頂編輯。

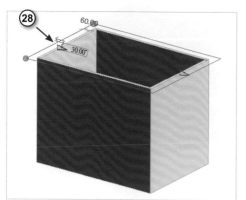

30. 屋頂就會變成單斜屋頂。

31. 連續點擊兩次屋頂進入編輯模式，點選右側線段，再點擊 20 度的尺寸，並將數值變更為「10」。

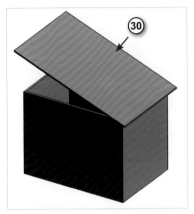
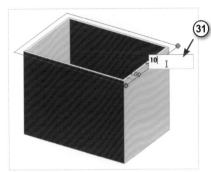

32. 點擊【 ✔ 】結束屋頂編輯，屋頂的斜度已改變。

33. 選取牆面，如圖所示。

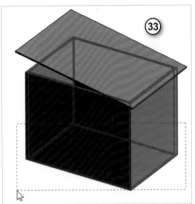

34. 點擊工具列上方【修改 / 牆】頁籤 →【修改牆】→【貼附頂 / 底】。

35. 點擊屋頂，如圖所示。

36. 將牆面貼到屋頂，完成圖。

範例二

01. 延續上一個章節的檔案。

02. 在專案瀏覽器下方，點擊樓板
平面圖前方的【+】，並點擊
【FL2】。

03. 點擊功能區【建築】頁籤 →【建立】面板→【屋頂】的下拉式選單點擊【依跡線建立屋頂】。

04. 點擊【點選牆】。

05. 在選項列的【挑簷】中輸入「60」，如圖所示。

06. 滑鼠放在牆上，不要點擊，如圖所示。

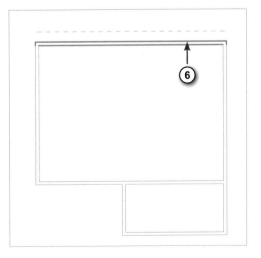

07. 按下 Tab 鍵，就會偵測到所有
牆面並出現虛線。

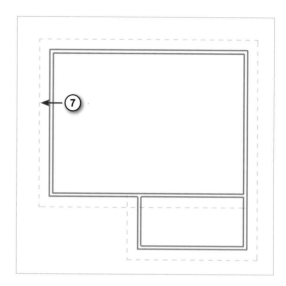

08. 滑鼠不要離開牆，直接點擊滑鼠
左鍵，可選取所有牆面來偏移出
屋頂邊界線。

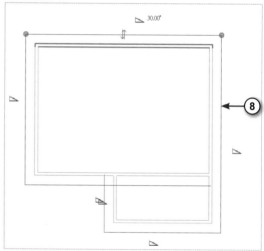

09. 點擊【修剪 / 延伸到角】指令。

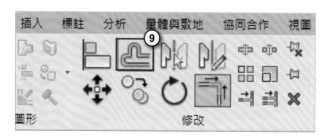

10. 點擊要製作轉角的第一條線段，
如圖所示。

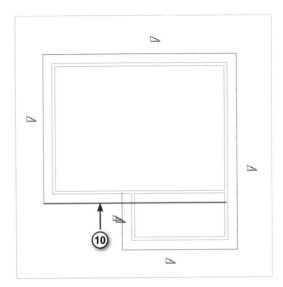

11. 再點擊要製作轉角的另一條線
段，如圖所示。

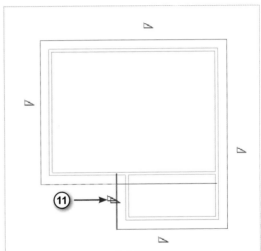

12. 就可以修剪超出轉角的部分，如圖所示。

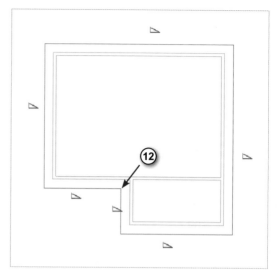

13. 點擊【**修改**】或按下 Esc 鍵結束修剪指令。

14. 點擊水平線並按下 Ctrl 鍵，加選其他兩條水平線，同時選取屋頂的三條水平線段。

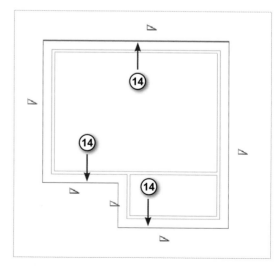

15. 將選項列的【定義斜度】取消勾選，如圖所示。

16. 按下 Esc 鍵取消選取，點擊性
質下方的下拉式選單並點選【基
本屋頂 - 通用 -125 mm】類型，
在【基準樓層】選擇【FL3】。

17. 點擊【✓】按鈕完成屋頂。

18. 點擊快速存取區上的【】，可以從 3D 視角來觀察。

19. 將視圖切換到前視圖，並框選所有的牆面。

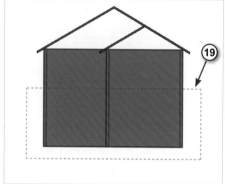

20. 點擊【修改 / 牆】頁籤 →【修改牆】面板→【貼附頂 / 底】。

21. 點擊屋頂，如圖所示。

22. 牆面就會長到屋頂的底端並貼附在屋頂上。

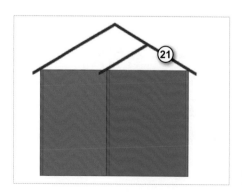
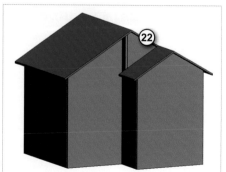

23. 點選屋頂，如圖所示。

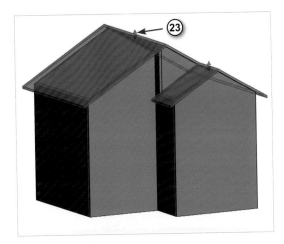

24. 點擊【幾何圖形】面板→【接合
/取消接合屋頂】。

25. 點擊前方屋頂靠近後面牆面的線段，如圖所示。

26. 再點擊後方房子的面，如圖所示。

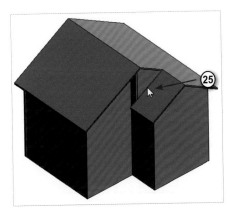

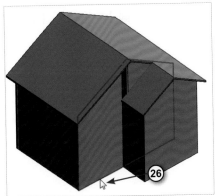

27. 完成圖。

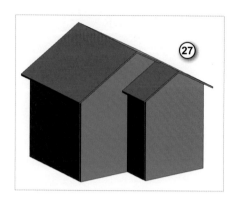

7-2 依擠出建立屋頂

01. 請開啟範例檔案〈**7-2 依擠出建立屋頂 .rvt**〉。

02. 點擊【建築】頁籤 →【建立】面板→【屋頂】的下拉式選單 →【依擠出建立屋頂】。

03. 點擊【點選平面】，並按下【確定】。

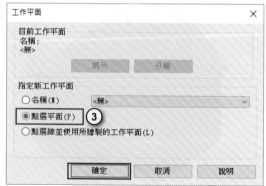

04. 點擊前方的牆面作為擠出屋頂的
基準，如圖所示。

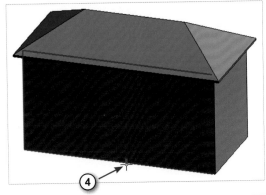

05.【樓層】選擇【FL3】，並按下
【確定】。

06. 點擊【修改】或按下 Esc 鍵先
取消畫線指令。

07. 將畫面切換到前視圖，再點擊【線】。

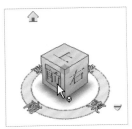

08. 在屋頂的中間位置繪製兩條倒 V
字型線段，如圖所示。

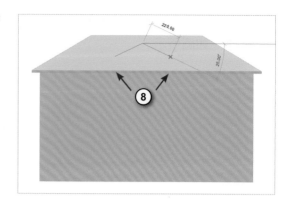

09. 點擊【✓】按鈕完成屋頂。

10. 點擊繪製好的屋頂，如圖所示。

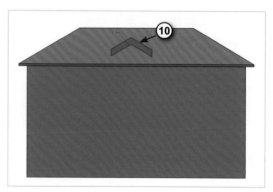

11. 點擊性質下方的下拉式選單並點
選【基本屋頂 - 通用 -125 mm】
類型。

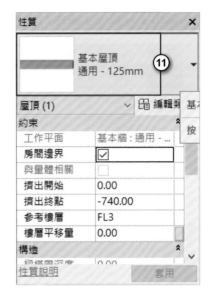

12. 點擊右上角視圖方塊的小房子，
切換到主視圖，從 3D 視角來觀
察。

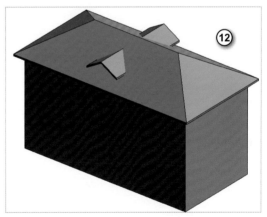

13. 點選剛建立的小屋頂。

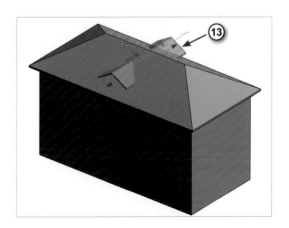

14. 點擊【幾何圖形】面板→【接合 / 取消接合屋頂】。

15. 點擊後方屋頂的邊線，如圖所示。

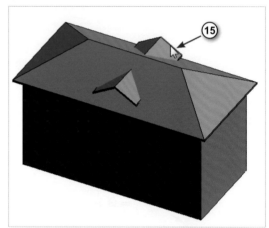

16. 再點擊大屋頂前方的面，如圖所示。

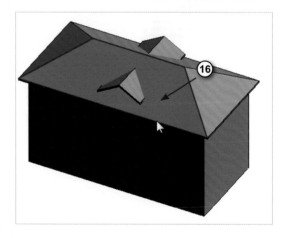

17. 後方的屋頂就會連接至大屋頂
裡，完成圖。

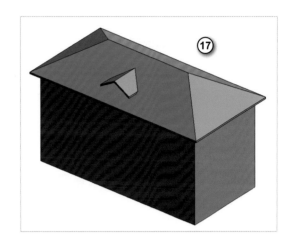

7-3　建立屋頂開口

01. 延續上一個章節的檔案。

02. 點擊【建築】頁籤 →【開口】
面板 →【垂直】指令。

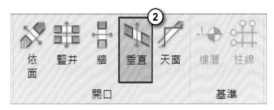

03. 點擊上方大屋頂，表示選取此屋
頂來製作開口。

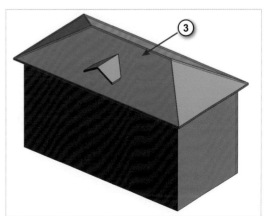

04. 將畫面切換到上視圖。

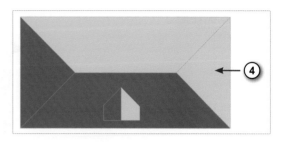

05. 點擊下方檢視控制列【**視覺型式**】→【**線架構**】。

06. 點擊【**修改 / 建立開口邊界**】頁籤 →【**繪製**】面板→【**點選線**】。

07. 點擊小屋頂的所有線段，如圖所示。

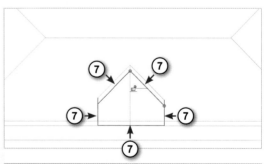

08. 點擊【**修剪 / 延伸到角**】。

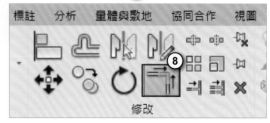

09. 點擊要修剪的第一條線段,如圖
所示。

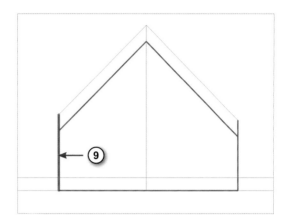

10. 點擊要修剪的第二條線段,修剪
完成。

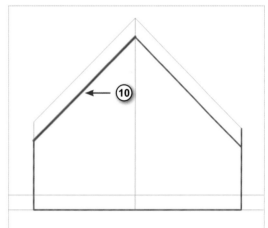

11. 依相同的方式修剪另外一邊,完
成修剪。

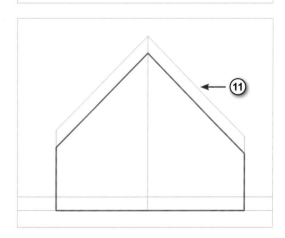

12. 點擊【 ✅ 】完成屋頂的開口，並點擊右上角的視圖方塊的小房子，切換到立體視角。

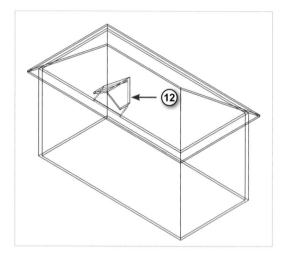

13. 點擊下方檢視控制列【視覺型式】→【描影】。

14. 完成屋頂開口。

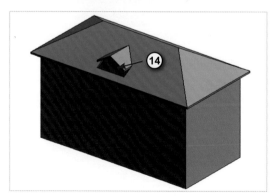

如何選取與編輯開口？

01. 延續上一個章節的檔案。

02. 移動滑鼠靠近屋頂開口的位置會
出現藍色的亮線。

03. 連續按下滑鼠左鍵兩次，可以進
入編輯模式。

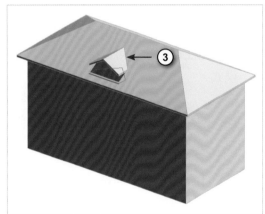

04. 點擊上方的【✔】，完成編輯。

05. 另一種選取開口的方式，將滑鼠移動到屋頂與開口重疊的位置會出現藍色亮顯。

06. 按下 Tab 鍵，可以做輪流選取，對於重疊物件非常容易選取。

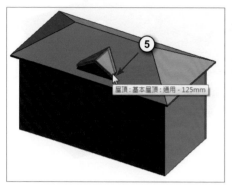
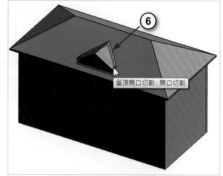

07. 輪流選取到屋頂開口後，連續按下滑鼠左鍵兩次，可以進入編輯模式。

08. 點擊【✓】可結束編輯。

09. 完成圖。

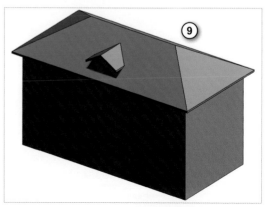

7-4 屋頂範例練習

01. 開啟範例檔【roofhouservt】，並進入樓板平面圖「**FL2**」。點擊【建築】→【屋頂】，並選擇矩形作為繪製形式。

02. 將偏移值設為「**20**」。

03. 繪製矩形作為屋頂。

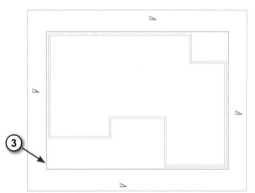

04. 選取左右兩條屋頂線後，取消勾選【**定義斜度**】。

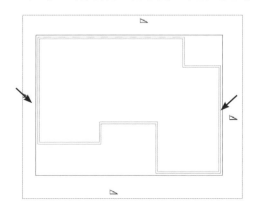

05. 繪製矩形在下圖所示的地方。

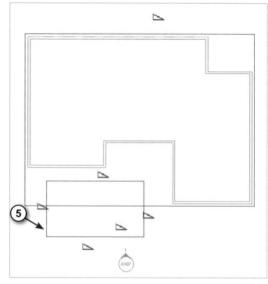

06. 將多餘的線段刪除。

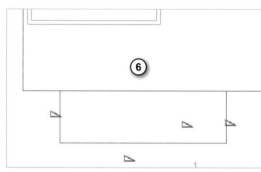

07. 點擊 ✛ 分割元素，先點擊右上角即可將線段分割。

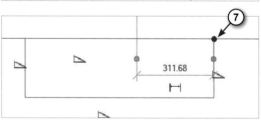

08. 再點擊左上角即可將線段分割。

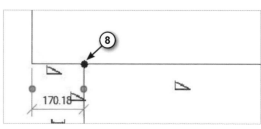

09. 將中間的線段刪除即可。

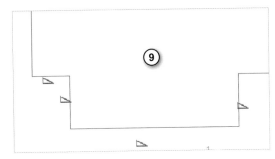

10. 選取右圖所示的屋頂線後,取消勾選【**定義斜度**】。

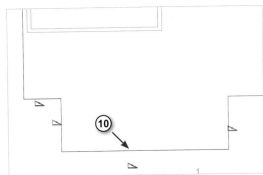

11. 點擊【 ✔ 】完成編輯模式。

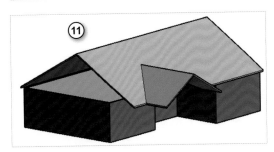

💡**小秘訣**

選取屋頂後會發現有藍色箭頭,拖曳箭頭可以改變屋頂高度。

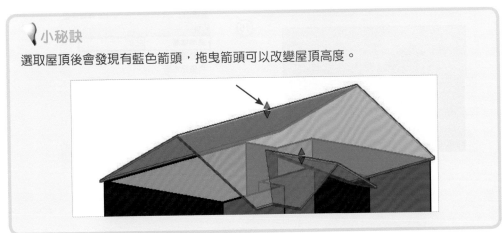

12. 選取所有牆面後點擊【 貼附頂／底】，在點擊屋頂。

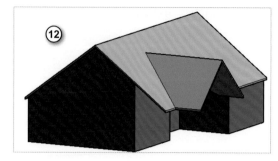

13. 依據上述作法在旁邊做另一個屋頂。

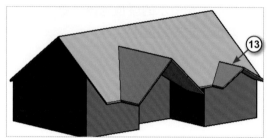

14. 切換至南立面圖，並在高度 700 繪製樓層線，建立 FL3。

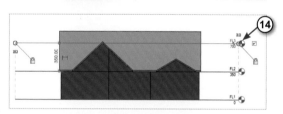

15. 選取屋頂後再性質面板，將【基準樓層】設為【FL3】。即可將屋頂搬到 FL3。

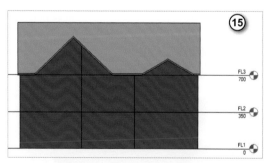

16. 選取所有牆面後，點擊【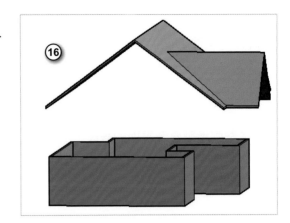分
離頂／底】，在點擊屋頂。

17. 選取所有牆面後，點擊複製到剪
貼簿，再點擊【貼上】→【與選
取的樓層對齊】。

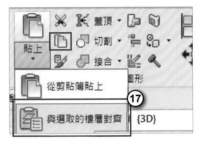

18. 選取樓層設為【FL2】。

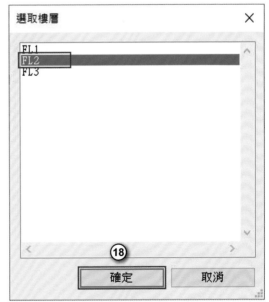

19. 切換至樓板平面圖 FL3，點擊
【工作平面】→【參考平面】。

20. 在左側繪製參考平面的線段，並
命名為 a。

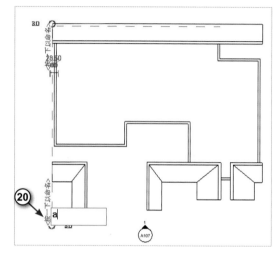

21. 在右側繪製參考平面的線段，並
命名為 b。

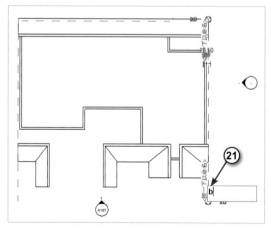

22. 切換至 3D 視圖開啟線架構模式，並點擊視圖方塊的「**左**」，切換至左視圖。

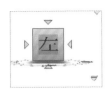

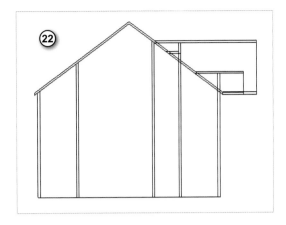

23. 點擊【建築】→【屋頂】→【依擠出建立屋頂】。

24. 將【指定新工作平面】→【名稱】設為「**參考平面 :a**」點擊【確定】。

25. 將樓層設為 FL2。

26. 利用【線】繪製模式繪製如右圖
    所示的線段作為屋頂。

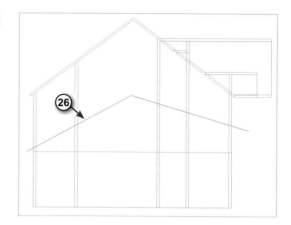

27. 點擊【☑】完成編輯模式。即
    可在二樓建立屋頂。

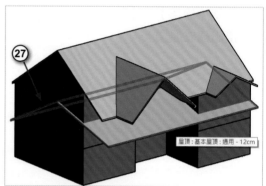

28. 選取屋頂後點擊【開口】→【垂
    直】挖空屋頂。

29. 切換至 3D 視圖開啟線架構模式，並點擊視圖方塊的「上」，切換至上視圖。利用【點選線】繪製模式牆面外側的線段。

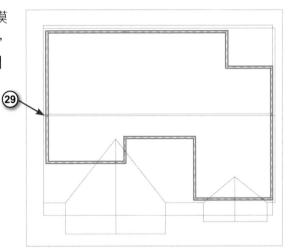

30. 點擊【✔】完成編輯模式。即可發現屋頂依據牆面的形狀被挖空。

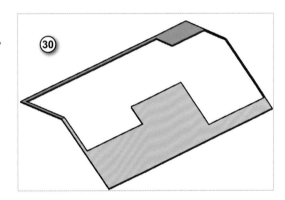

31. 可以利用【線】繪製模式繪製其他形狀用來挖空屋頂。

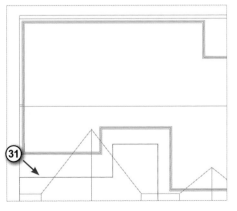

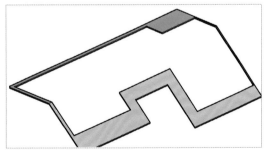

8 敷地繪製

▶

本章介紹繪製建築周遭的敷地地形,以及放置樹木造景、車子等敷地元件、停車場元件的操作,並介紹如何從 AutoCAD 的等高線圖來建立地形。

8-1 敷地繪製

01. 請開啟範例檔案〈**8-1 敷地繪製 .rvt**〉。

02. 在專案瀏覽器下方，點擊樓板平面圖前方的【+】，並點擊兩次【敷地】，將視圖切換到敷地平面圖。

03. 點擊【量體與敷地】頁籤→【為敷地建立模型】面板→【地形表面】。

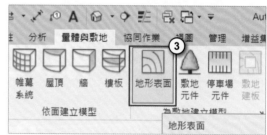

04. 點擊【放置點】。

05. 在選項列的【高程】欄位中輸入「0」，設定高度為 0。

06. 在建築左側點擊滑鼠左鍵放置
點，總共放置四個點，如圖所
示。

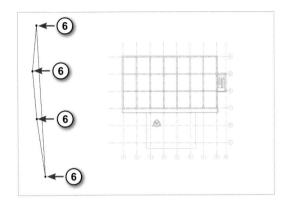

07. 使用相同方式，在右側依序點擊
滑鼠左鍵放置四個點，如圖所
示。

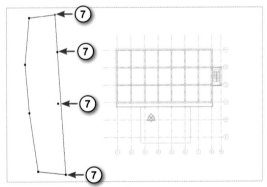

08. 在選項列的【高程】欄位中輸入
「100」，並按下 [Enter] 鍵，設定
放置點的高度為 100。

09. 在原本點的右側依序放置四個
點，這四個點的高度為 100。

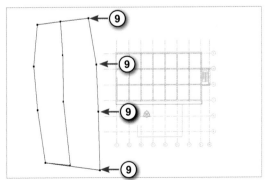

10. 在原本點的右側依序放置四個
點,點的高度為 100。

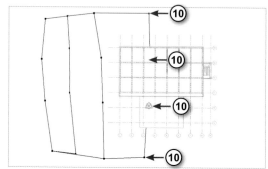

11. 在選項列的【高程】欄位中輸入
「200」,並按下 Enter 鍵,設定
高度為 200。

12. 在原本點的右側依序放置四個
點,點的高度為 200。

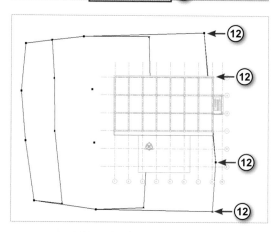

13. 在選項列的【高程】欄位中輸入
「300」,並按下 Enter 鍵,設定
高度為 300。

14. 在原本點的右側依序放置四個
點，點的高度為 300。

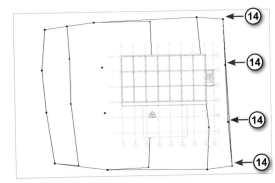

15. 在原本點的右側依序放置四個
點，點的高度為 300。

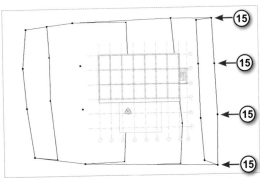

16. 在選項列的【高程】欄位中輸入
「0」，並按下 Enter 鍵，設定高
度為 0。

17. 在原本點的右側依序放置四個
點，點的高度為 0。

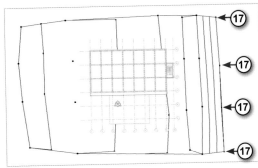

18. 點擊【✓】完成地形表面。

19. 點擊快速存取區上的【🏠】，將視圖切換到 3D 視圖。

20. 完成地形繪製。

21. 將視圖切換到前視圖，可以明顯的觀察剛剛繪製的地形。

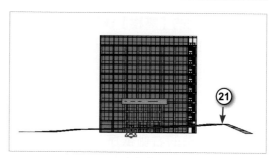

22. 點選地形。

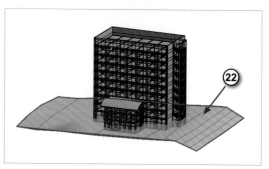

23. 點擊功能區的【編輯表面】。

24. 點擊右上角視圖方塊的【上】，
將畫面切換到上視圖。

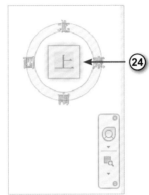

25. 框選要修改的點，如圖所示。

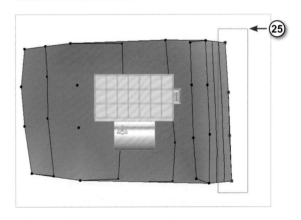

26. 在選項列的高程欄位中輸入
「300」，並按下 Enter 鍵，設定
高度為 300。

27. 在空白處點擊下滑鼠左鍵或按下
    Esc 鍵取消選取。點擊上方的
    【 ✓ 】結束地形編輯模式。

28. 完成地形變更，如圖所示。

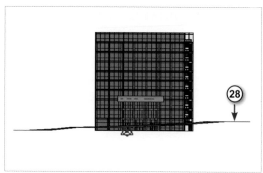

8-2 敷地元件的放置

01. 延續上一個章節的檔案。

02. 在專案瀏覽器下方，點擊樓板平
    面圖前方的【＋】，並點擊兩次
    【敷地】，將視圖切換到敷地平面
    圖。

03. 點擊【量體與敷地】
頁籤→【為敷地建
立模型】面板→【敷
地元件】。

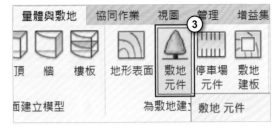

04. 點擊【載入族群】
來載入敷地元件。

05. 點擊【Chinese_Trad
_INTL】資料夾→再
點擊【植栽】資料
夾。

06. 點擊【M_RPC 樹 -
針葉樹 .rfa】，並點
擊【開啟】(族群名
稱開頭 RPC 的樹，
切換到擬真視覺型
式可以看見貼圖效
果)。

07. 點擊性質下方的下拉式選單並點
選【挪威雲杉 -4.6 尺】。

08. 在要放置的位置點擊滑鼠左鍵，
任意的放置在地形上。

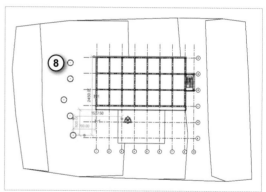

09. 點擊性質下方的下拉式選單並點
選【蜂蜜桃金孃 -1.3 尺】。

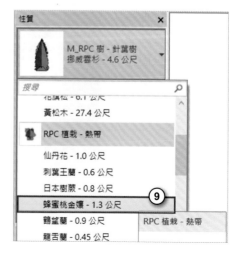

10. 在要放置的位置點擊滑鼠左鍵，
任意的放置在地形上。

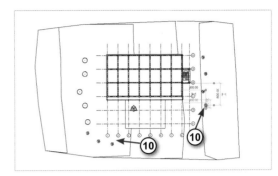

11. 放置完成後按下 Esc 鍵兩次，
離開指令。

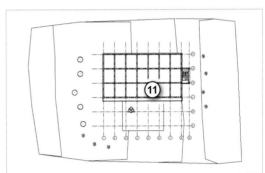

12. 點擊快速存取區【🗔】，將畫面
切換到 3D 視圖。

13. 完成敷地元件放置。

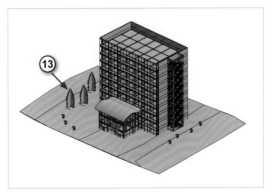

8-3 停車場設置

停車場元件放置

01. 延續上一個章節的檔案。

02. 在專案瀏覽器，點擊樓板平面圖前方的【+】，並點擊兩次【敷地】，將視圖切換到敷地平面圖。

03. 點擊【量體與敷地】頁籤 →【為敷地建立模型】面板 →【停車場元件】。

04. 點擊性質下方的下拉式選單並點選【停車格：250 x 600cm-90°】。

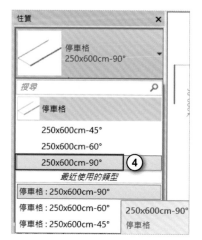

05. 將停車格元件放置在大樓前方的
位置，點擊滑鼠左鍵來放置，如
圖所示。

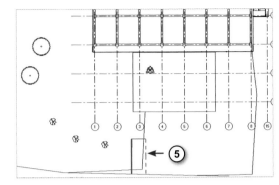

06. 點擊【**修改**】或按下 Esc 鍵結
束指令。

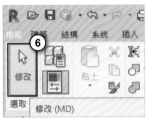

07. 點選停車格。

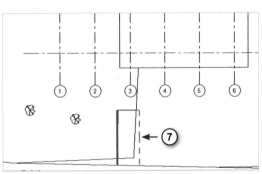

08. 點擊【**修改 / 停車場**】頁籤 →
【**修改**】面板 →【**陣列**】。

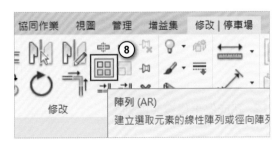

09. 點擊停車格端點的位置，如圖所示。

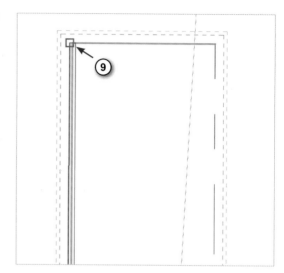

10. 點擊停車場另一個端點的位置，如圖所示。

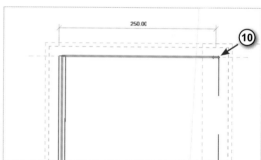

11. 在上方陣列的數量中輸入「5」，按下 Enter 鍵。

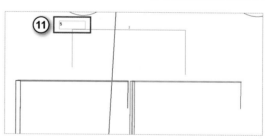

12. 完成停車格複製陣列。

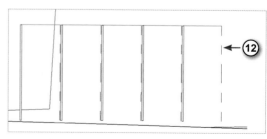

13. 點選任意一個停車格。

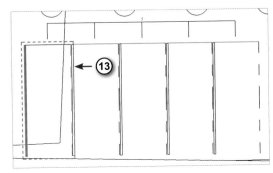

14. 點擊上方陣列數量的欄位，並輸入「10」，按下 Enter 鍵。

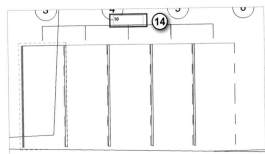

15. 可以變更陣列的數量。

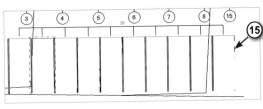

16. 連續點擊停車格兩次，編輯陣列群組，再點選同一個停車格。

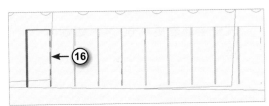

17. 點擊性質下方選取的下拉式選
單，並點選【停車格：250x600
cm-60°】，可以變更停車格類型。

18. 點擊【✓】結束群組編輯。

19. 因為陣列指令的關聯，停車格
就會全部變更為 60 度，如圖所
示。

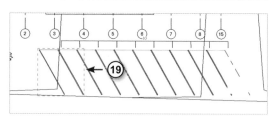

20. 完成停車格的設計。

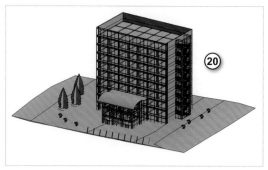

21. 任意選取一個停車格。

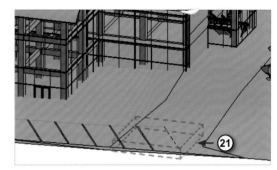

22. 點擊【修改 / 模型群組】頁籤 →【群組】面板 →【解除群組】，此停車格將不被陣列關聯，可單獨修改。

23. 框選所有的停車格。

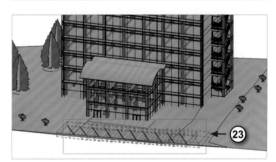

24. 在右下方點擊【篩選】。

25. 在品類的下方只勾選【停車場】以及【模型群組】，完成後按下【確定】，可選取到解除群組的停車格與停車格群組。

26. 點擊【修改 / 多重選取】頁籤 →
【修改】面板 →【鏡射 - 點選軸】。

27. 點擊停車格的上方線段作為鏡射
的基準線，如圖所示。

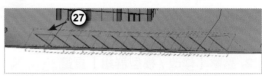

28. 完成鏡射。

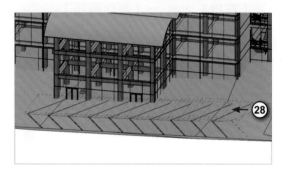

29. 完成停車場元件放置。

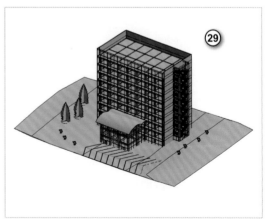

車子元件的放置

01. 請開啟範例檔案〈**8-3 車子元件放置 .rvt**〉。

02. 在專案瀏覽器，點擊樓板平面圖前方的【 **+** 】，並點擊兩次【 **敷地** 】，將視圖切換到敷地平面圖。

03. 點擊【 **量體與敷地** 】頁籤 →【 **為敷地建立模型** 】面板→【 **敷地元件** 】。

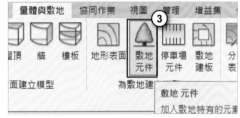

04. 在性質的下拉式選單中點選【 **車 -RV 房車** 】類型。若需要其他車輛，可從範例檔匯入。

05. 將滑鼠移動到停車格的線段上，如圖所示。

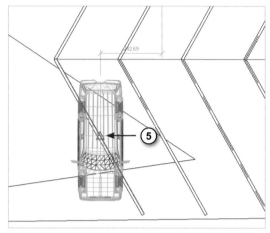

06. 按下空白鍵，就可以將車子的方向變更跟停車格線段方向一樣。

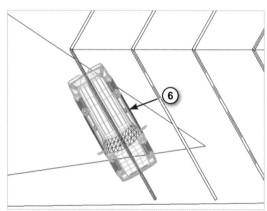

07. 移動滑鼠到停車格線段上，並按下空白鍵兩次，轉換車頭的方向，如圖所示。

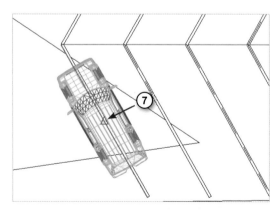

08. 點擊下滑鼠左鍵，就可以放置車輛。

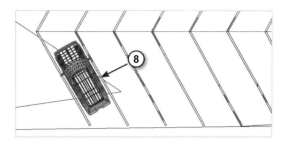

09. 任意在要放置休旅車的停車格內點擊滑鼠左鍵放置，如圖所示。

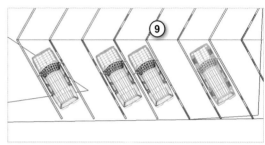

10. 點擊快速存取區【⬚】，將畫面切換到 3D 視圖。

11. 完成休旅車的放置。

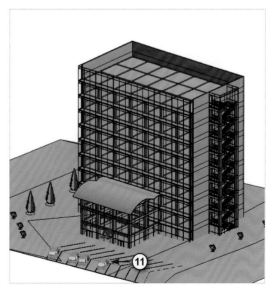

12. 點選要變更的休旅車,再按住
    Ctrl 鍵點選其他車,可以同時
    選取多部車。

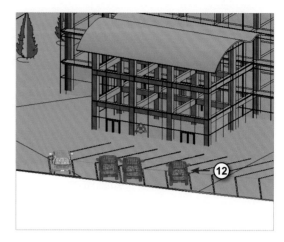

13. 點擊性質下方選取的下拉式選
    單,並點選【車 - 四門房車】。

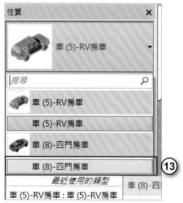

14. 剛剛選取的車,將會變更為房
    車。

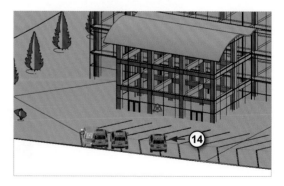

15. 在專案瀏覽器，點擊樓板平面圖前方的【+】，並點擊兩次【敷地】，將視圖切換到敷地平面圖。

16. 選取剛剛變更的四門房車，將車移動到停車格內。

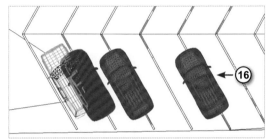

17. 點擊【移動】。

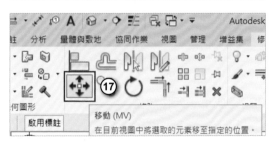

18. 將滑鼠移動到車子的下方，按下滑鼠左鍵，決定移動的基準點。

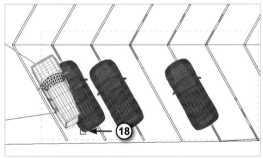

19. 將滑鼠往右移動,點擊滑鼠左鍵
決定移動的位置。

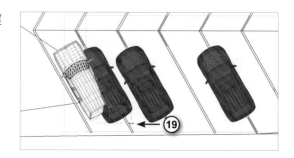

20. 將移動到停車格內。

💡 小秘訣

選取車子,以滑鼠左鍵按住拖曳,
也可以移動車子。

21. 點擊快速存取區【 】,將畫面
切換到 3D 視圖。

22. 完成車子元件放置。

8-4 等高線建立

01. 延續上一個章節的檔案。

02. 點擊專案瀏覽器下方樓板平面圖
前方的【＋】，並點擊兩次【**敷
地**】，將視圖切換到敷地的平面
圖。

03. 點擊【**量體與敷地**】頁籤 →【**修改敷地**】面板→【**標示等高線**】。

04. 移動滑鼠到要放置等高線的位
置，點擊滑鼠左鍵決定起點。

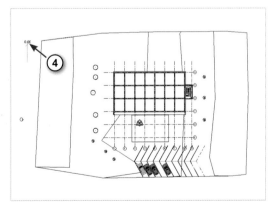

05. 往右移動滑鼠，在結束等高線線
段的位置按下滑鼠左鍵。

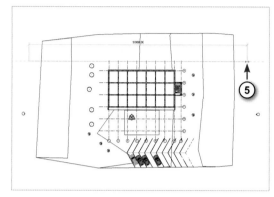

06. 利用滑鼠滾輪放大等高線與虛線
的相交位置，必須很靠近才能看
到等高線高度，如圖所示按下
Esc 結束標示等高線的指令。

07. 點擊【量體與敷地】頁籤 →【為
敷地建立模型】旁邊的箭頭，如
圖所示。

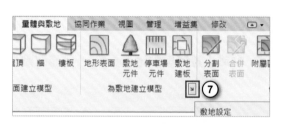

08. 在增量的下方欄位中輸入「50」，
並按下 Enter，完成後按下【確
定】。

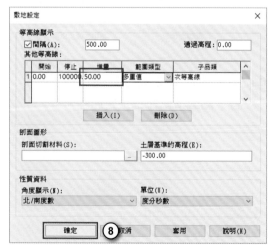

09. 等高線的高度增量
就會以 50 為一個單
位，如圖所示。

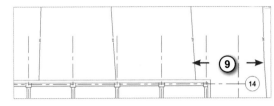

10. 點選等高線標示。

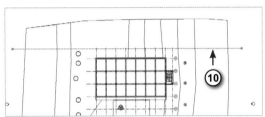

11. 點擊性質的下方【**編
輯類型**】。

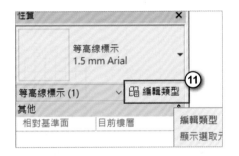

12. 點擊【**複製**】複製
一個類型。

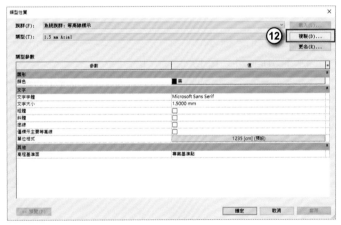

13. 在名稱的欄位中輸
入「30mm Arial」，
按下【**確定**】。

14. 在【文字大小】的欄位中輸入「30 mm」，並按下【確定】。

15. 等高線的字體大小就會變成 30mm，如圖所示。

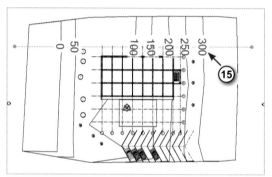

16. 點選等高線標示，按下 Delete，可以直接做刪除。

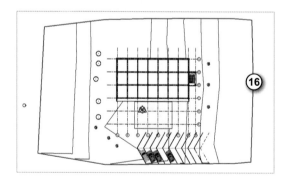

8-5 分割表面方式

分割表面

01. 延續上一個章節的檔案。

02. 在專案瀏覽器，點擊樓板平面
圖前方的【＋】，並點擊兩次
【敷地】，將視圖切換到敷地平
面圖。

03. 點擊【量體與敷地】頁籤 →【修
改敷地】面板 →【分割表面】。

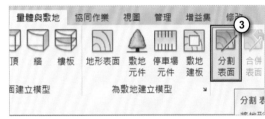

04. 點擊要分割的地形，如圖所示。

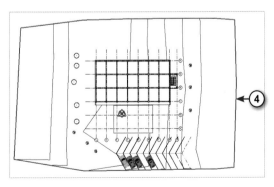

05. 點擊【線】，使用線來繪製分割的邊界。

06. 在地形外側按下滑鼠左鍵，決定分割線起點的位置。

07. 由上往下依序繪製分割的邊界，最後一點必須在地形外側，才能完整分割為兩個地形表面。完成後按下 Esc 離開畫線指令。

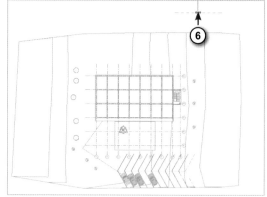

💡 **小秘訣**

分割線不可穿過陣列群組，如下圖，否則無法完成分割，若必須穿過陣列群組，可先解除群組。

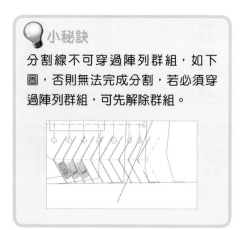

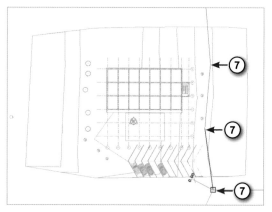

08. 點擊【✓】。

09. 完成分割表面。

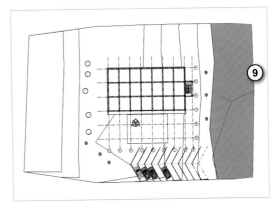

10. 點擊【量體與敷地】頁籤 →【修改敷地】面板→【分割表面】。

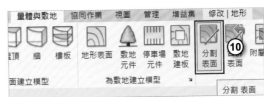

11. 點擊要分割的地形,如圖所示。

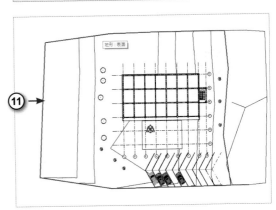

12. 使用同樣的方式,在地形左側繪製分割邊界線,完成後按下 Esc 離開畫線指令。

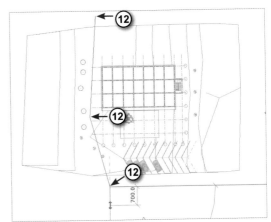

13. 點擊【 ✓ 】完成分割表面。

14. 若分割邊界有穿過陣列群組，請
點擊【**解除群組**】，如圖所示。

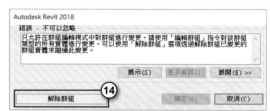

15. 完成分割表面。

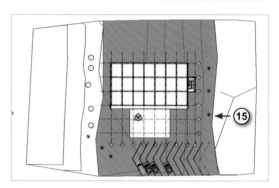

16. 點擊快速存取區【 ⬡ 】，將畫面切換到 3D 視圖。

17. 利用 [Ctrl] 鍵選取兩邊的地形，如圖所示。

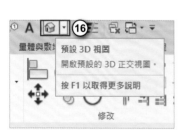

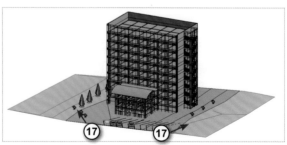

18. 在性質面板，點擊【材料】右側的〈依品類〉，再點擊旁邊的【⋯】。

19. 在搜尋欄位輸入【草】，搜尋草皮相關的材料。

20. 點擊【材料資源庫】右側的雙箭頭，展開材料資源庫。

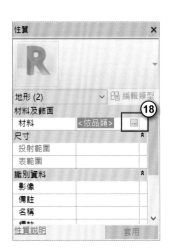

21. 拖曳材料資源庫的分隔線，往上加大視窗大小（如圖所示）。

22. 點擊【草皮】右側的箭頭圖示，將草皮加入至專案材料中，選取專案材料中的草皮，並按下【確定】。

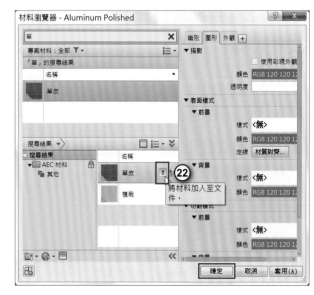

23. 點擊下方檢視控制列中【視覺型式】→【擬真】。

24. 才能檢視地形的草皮材料。

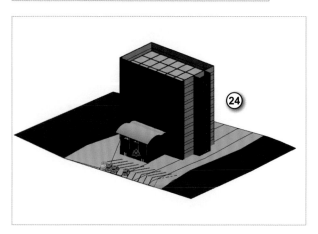

25. 點擊地形中間的地形表面。

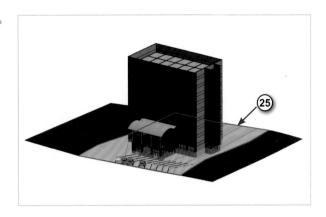

26. 在性質面板，點擊【材料】右側的〈依品類〉，再點擊旁邊的【…】。

27. 在搜尋欄位輸入「瀝青」來搜尋。

28. 點擊【瀝青】，並按下【確定】。

29. 完成分割表面的材料設定。

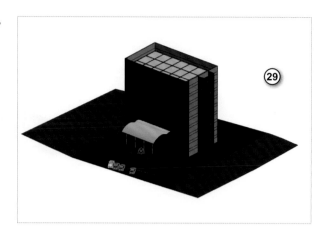

合併表面

01. 延續上一個章節的檔案。

02. 點擊【量體與敷地】頁籤
→【修改敷地】面板 →
【合併表面】。

03. 點擊要合併的草皮地形與
瀝青地面。

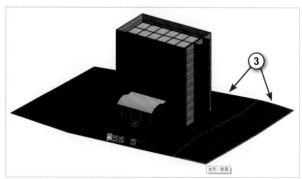

04. 兩個地形就會合併為一個
地形。

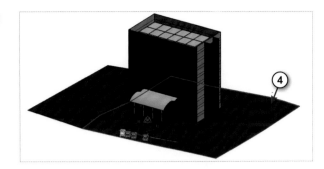

05. 再次點擊【合併表面】指
令，點擊要合併的兩個地
形，如圖所示。

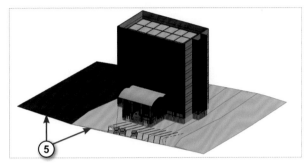

06. 所有的地形將合併為一個
地形。

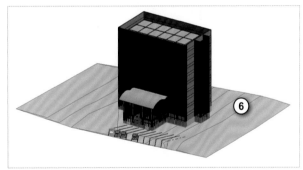

07. 點擊下方檢視控制列中
【視覺型式】→【描影】，
因為看不見材料，可使軟
體操作較為順暢，不會延
遲。

08. 完成。

附屬區域

01. 延續上一個章節的檔案。

02. 點擊【量體與敷地】頁籤
→【修改敷地】面板 →
【附屬區域】。

03. 點擊【矩形】。

04. 移動滑鼠到草皮的上方，
並點擊滑鼠左鍵決定矩形
的起點。

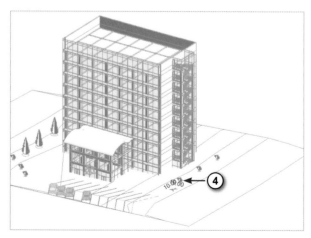

05. 將滑鼠往右上移動,並點
擊滑鼠左鍵決定矩形的終
點位置。

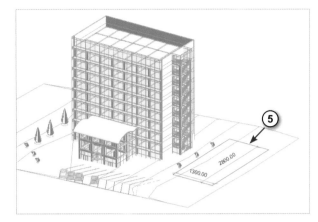

06. 點擊【✔】完成附屬區域。

07. 點擊附屬區域,可以單獨
的做選取。

08. 點擊地形表面,會連同附
屬區域一起做選取。

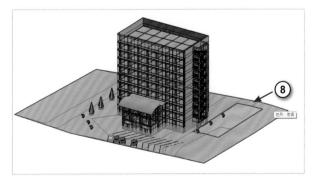

09. 按下 Esc 鍵取消選取，
將滑鼠移動到附屬區域的
邊線上，按住滑鼠左鍵拖
曳，就可以移動附屬區域
到其他的位置。

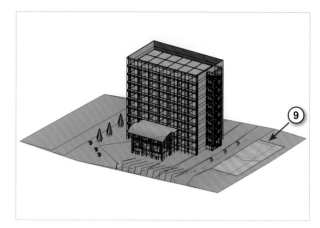

10. 點選附屬區域，按下
Delete 鍵。

11. 就可以直接刪除附屬區域。

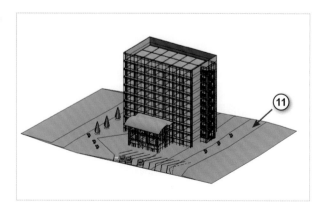

8-6 從 **CAD** 檔建立地形表面

01. 延續上一個章節的檔案。

02. 點擊【插入】頁籤→【匯
入】面板→【匯入 CAD】。

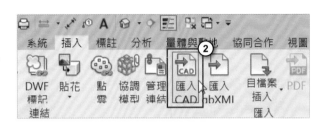

03. 點擊要匯入的檔案〈**8-6
等 高 線 .dwg**〉，並 點 擊
【開啟】。

04. 匯 入 AutoCAD 軟 體 繪 製
的等高線，點選等高線。

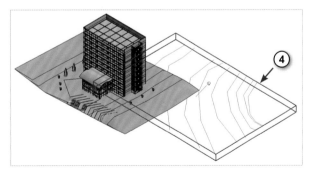

05. 點擊等高線上圖釘狀圖
示，可以解鎖做編輯。

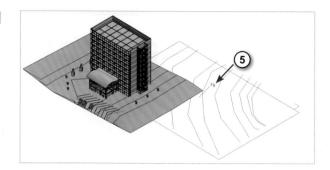

06. 按住滑鼠左鍵拖曳，可以
移動等高線的位置。

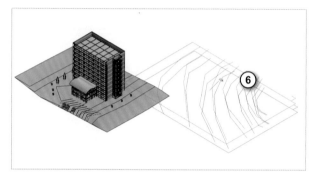

07. 點擊【量體與敷地】頁籤
→【為敷地建立模型】面
板→【地形表面】。

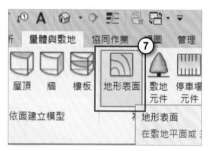

08. 點擊【從匯入建立】下拉
式選單→【選取匯入實
體】。

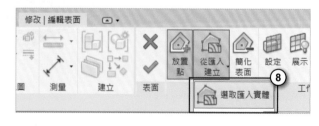

09. 點選剛剛匯入的 CAD 檔，
如圖所示。

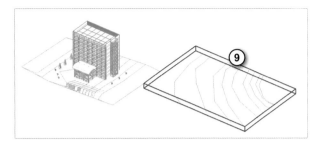

10. 只勾選圖層【0】，以圖層
0 的線段來繪製地形，點
擊【確定】。

11. 點擊【✔】完成地形表面。

12. 點擊等高線下方 CAD 檔，
並按下 Delete 鍵，可以單
獨刪除 cad 檔。

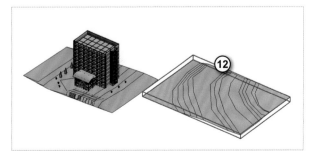

13. 完成匯入等高線來建立地形表面的操作。

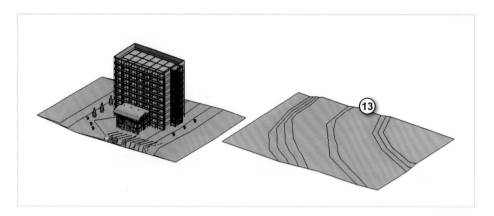

9 彩現與穿越

▶

除了施工必備的建築圖面，還必須準備建築 3D 示意圖
來展示與解析設計。本章將介紹如何建立相機、彩現效
果圖，並製作建築穿越動畫。

9-1　建立相機
9-2　初步彩現設定
9-3　大圖彩現設定
9-4　穿越動畫

9-1 建立相機

01. 請開啟範例檔案〈9-1 建立相機 .rvt〉。

02. 點擊專案瀏覽器下方樓板平面圖前方的【＋】，並點擊兩次【樓層 1】，將視圖切換到樓層 1 的平面圖。

03. 點擊功能區【視圖】頁籤 →【3D 視圖】下拉式選單 →【相機】。

04. 移動滑鼠到要放置相機的位置，按下滑鼠左鍵，例如圖面的右下角。

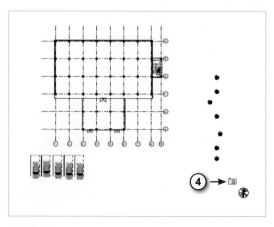

05. 滑鼠朝向要拍攝的方向移動。滑鼠位置超過大樓，點擊左鍵確定。

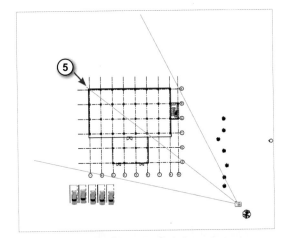

06. 畫面會切換至相機的視角，如圖所示。

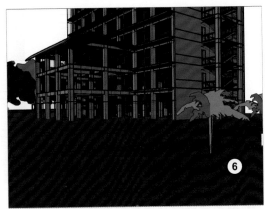

07. 在相機視圖內，按住 Shift + 滑鼠中鍵，可以環轉視角。

08. 點擊右側【導覽操控盤】，如圖所示。

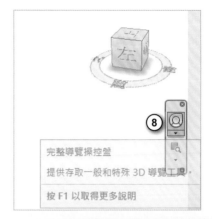

09. 將導覽操控盤移動到視圖上，如圖所示。

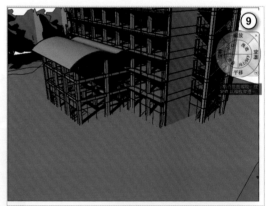

10. 將滑鼠移動到導覽操控盤上【縮放】的位置，按住滑鼠左鍵，並移動滑鼠來做縮放。

11. 移動滑鼠到導覽操控盤上【平移】的位置，按住滑鼠左鍵來做平移。

12. 移動滑鼠到導覽操控盤上【環轉】的位置，按住滑鼠左鍵來做環轉。

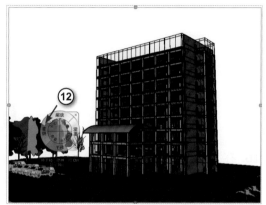

13. 調整完成後點擊導覽操控盤右上方的【✕】打叉按鈕，關閉導覽操作盤。

14. 點擊相機視圖框,將相機視圖的左邊控制點往左拖曳,可以將相機的視圖變寬。

15. 將相機視圖的右邊控制點往右拖曳,可以調整相機視圖。

16. 在選取相機視圖框的情況下,再點擊專案瀏覽器下方樓板平面圖前方的【 + 】,並點擊兩次【樓層 1】。

17. 可以左鍵拖曳相機到要放置的位置。

18. 調整相機位置，在空白處點擊滑鼠左鍵取消選取後，相機不會顯示在畫面上。

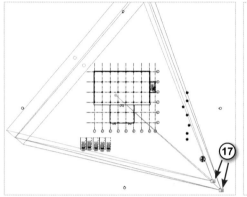
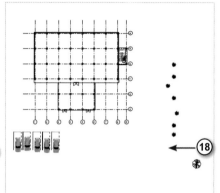

19. 在專案瀏覽器下方點擊【3D 視圖 1】按下滑鼠右鍵，並點擊【展示相機】。

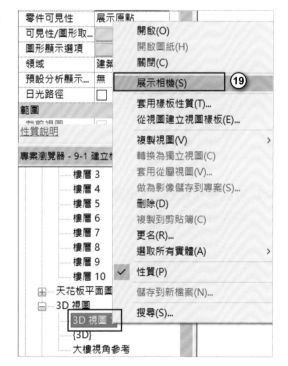

20. 相機的位置就會出現，如圖所示。

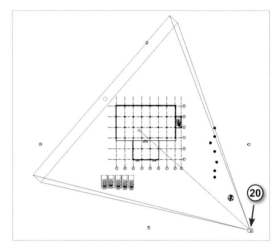

21. 在專案瀏覽器下方點擊兩次【3D 視圖 1】。

22. 將視圖切換到 3D 視圖的視角，如圖所示。

23. 在瀏覽器下方點擊兩次【**大樓視角參考**】。

24. 視圖就會切換到大樓視角，如圖所示。

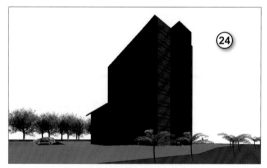

25. 點擊下方檢視控制列中【**視覺型式**】→【**描影**】。

26. 畫面就會以描影的方式顯示，完成建立相機。

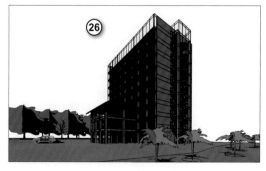

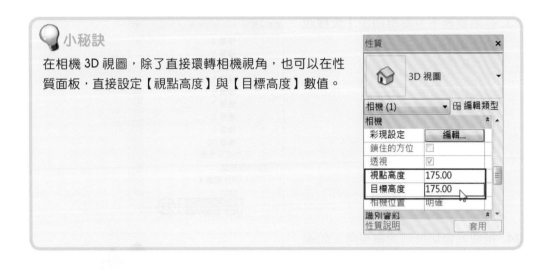

小秘訣

在相機 3D 視圖，除了直接環轉相機視角，也可以在性質面板，直接設定【視點高度】與【目標高度】數值。

9-2 初步彩現設定

01. 延續上一個章節的檔案。

02. 在專案瀏覽器的 3D 下點擊兩次【大樓視角參考】。

03. 點擊功能區上方【視圖】頁籤→【呈現】面板→【彩現】。

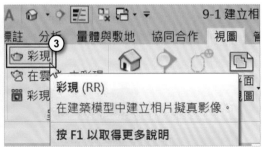

04. 在【設定】的下拉式選單中點選【草圖】，
在【解析度】的欄位中勾選【螢幕】，用滑
鼠滾輪縮放畫面調整彩現大小，在【計畫】
的下拉式選單中點選【外部：僅日光】，並點
擊日光設定後方的【 ... 】。

05. 在日光設定的下方點擊【靜態】，完成後按
下【確定】。

06. 在【型式】的下拉式選單中點擊【天空：多
雲】，如圖所示。

07. 點擊【彩現】，如圖所示。

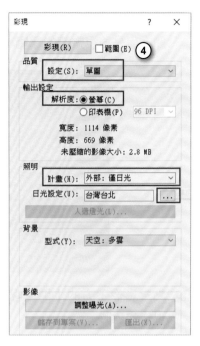

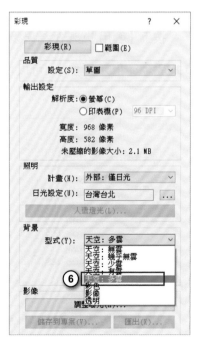

08. 完成彩現。此為初步彩現，圖片的品質低，但是彩現速度快，主要不是檢視細節，而是檢視整體的感覺、風格、大樓角度、位置是否適當。

09. 點擊影像下方的【調整曝光】，可以調整彩現後的色彩。

10. 可以任意的調整【曝光值】、【亮顯】、【陰影】、【飽和度】、【白點】的數值，調整完後按下【套用】，滿意結果後再按下【確定】。

11. 點擊【展示模型】，可以切換檢視模型或彩現圖。

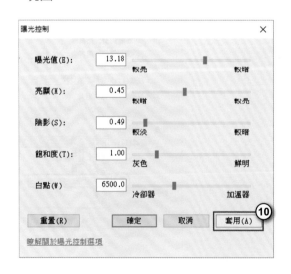

12. 若有重新調整彩現的角度，調整完後需要再
次點擊【彩現】。

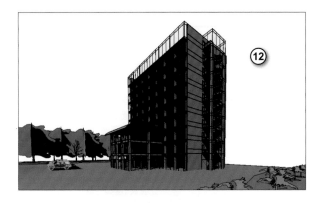

13. 完成圖。

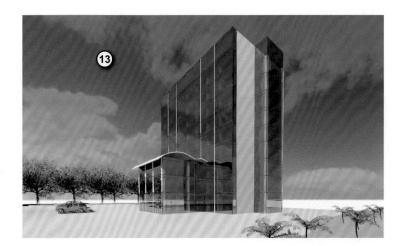

9-3 大圖彩現設定

01. 延續上一個章節的檔案。

02. 點擊專案瀏覽器下方 3D 視圖前方的【+】，並點擊兩次【大樓視角參考】。

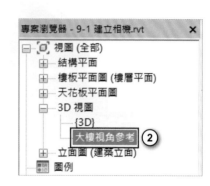

03. 點擊【視圖】頁籤 →【呈現】面板 →【彩現】。

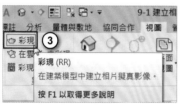

04. 在品質的設定選擇【高】，在輸出設定的選項中勾選【印表機】，在右側的下拉式選單中點選【150 DPI】，設定完成後按下【彩現】。

05. 完成彩現。

06. 點擊【儲存到專案】，將彩現的結果儲存到
專案中。

07. 輸入要儲存的名稱「大樓視角參考_1」，完
成後按下【確定】。

08. 點擊專案瀏覽器下方彩現前方的【+】，就
可以看到彩現結果所儲存的【大樓視角參考
_1】。

09. 繼續點擊【匯出】，可以另外儲存檔案。

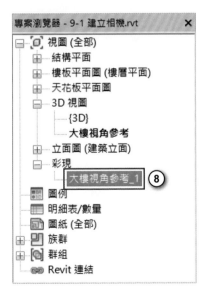

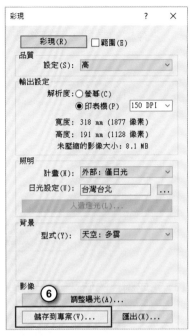

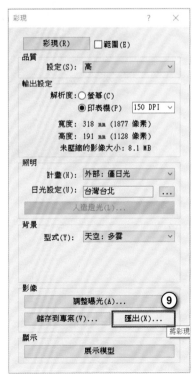

10. 輸入要儲存的名稱「大樓視角參考」，並在【檔案類型】的下拉式選單中點選要存檔的類型，完成後按下【儲存】。

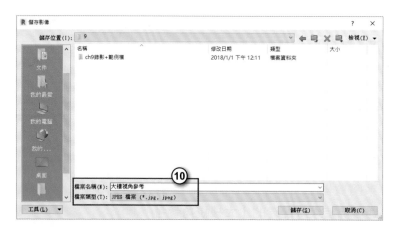

11. 完成圖片的儲存，並關閉彩現視窗。

9-4 穿越動畫

穿越動畫建立

01. 請開啟範例檔案〈9-4 穿越 .rvt〉。

02. 點擊專案瀏覽器下方樓板平面圖前方的【+】，並點擊兩次【樓層 2】。

03. 點擊功能區上方【視圖】頁籤 →【3D 視圖】的下拉式選單 →【穿越】。

04. 將滑鼠移動到要穿越的第一個點位置，並點擊滑鼠左鍵將點設定為起點。

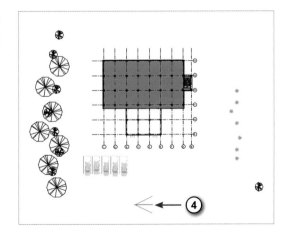

05. 移動滑鼠並點擊滑鼠左鍵確定第二個及第三個要穿越的點，如圖所示。

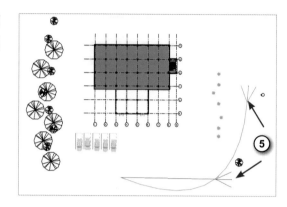

06. 點擊功能區上方【修改 / 穿越】頁籤 →【完成穿越】。

07. 點擊功能區上方【修改 / 相機】頁籤 →【編輯穿越】。

08. 在選項列中的【控制項】下拉式選單中點選【作用中的相機】，如圖所示。

09. 在放置相機的位置就會出現圖示，如圖所示。

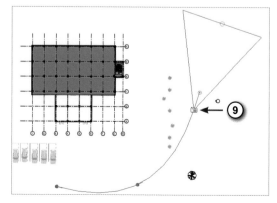

10. 將滑鼠移動到相機上方並按住滑
鼠左鍵拖曳，就可以更改相機的
影格位置。

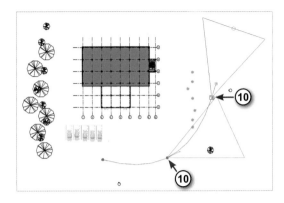

11. 點擊功能區上方【**編輯穿越**】頁籤 →【**下一個關鍵畫面**】。

12. 繼續點擊【**下一個關鍵畫面**】，將相機移動到最後一個關鍵畫面位置。

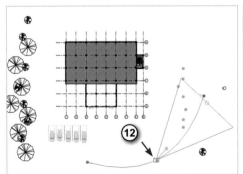 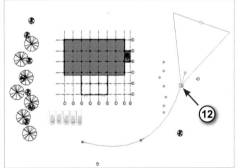

13. 移動滑鼠到相機前方的控制點，如圖所示。

14. 拖曳相機前方的控制點將鏡頭的方向往大樓的方向轉動，如圖所示。

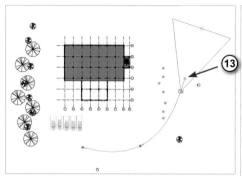 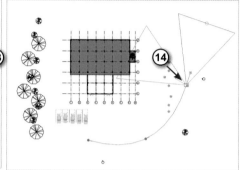

15. 完成鏡頭的設定，如圖所示。

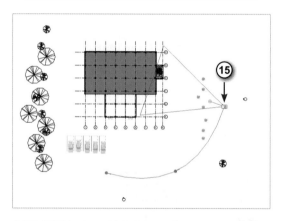

16. 點擊功能區上方【編輯穿越】頁
籤 →【前一個關鍵畫面】。

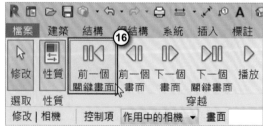

17. 可以將相機移動到第二個關鍵畫面。

18. 拖曳相機前方的控制點將鏡頭的方向往大樓的方向轉動，如圖所示。

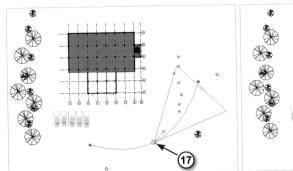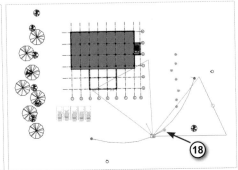

19. 完成鏡頭的設定，如圖所示。

20. 點擊功能區上方【編輯穿越】頁籤 →【前一個關鍵畫面】。

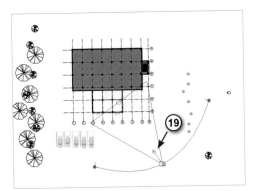

21. 可以將相機移動到第一個關鍵畫面。

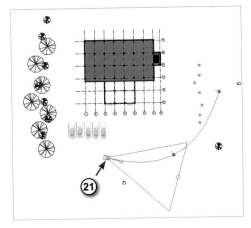

22. 拖曳相機前方的控制點將鏡頭的方向往大樓的方向轉動，如圖所示。

23. 完成所有鏡頭的設定，如圖所示。

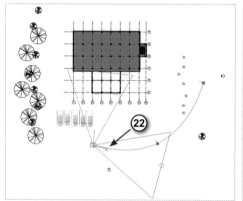 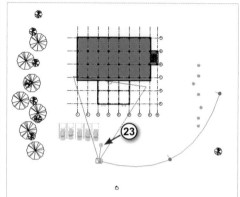

24. 在選項列中的【控制項】下拉式選單中點選【路徑】，如圖所示。

25. 移動滑鼠到藍色控制點上方，拖曳滑鼠可以改變路徑的位置。

 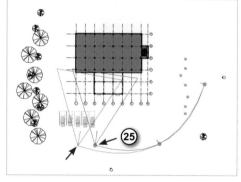

26. 在選項列中的【控制項】下拉式選單中點選【加入關鍵畫面】。

27. 將滑鼠移動到要加入關鍵畫面的位置，按下滑鼠左鍵。

28. 完成加入關鍵畫面。

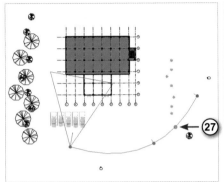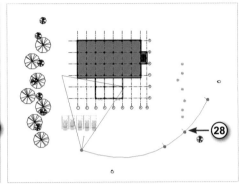

29. 在選項列中的【**控制項**】下拉式
選單中點選【**移除關鍵畫面**】。

30. 點擊要移除的關鍵畫面，如左下圖所示。

31. 就可以直接移除。

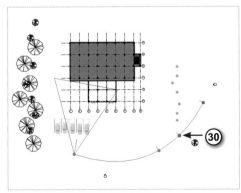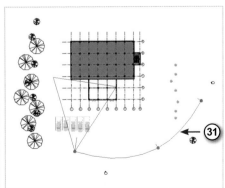

32. 點擊功能區上方【編輯穿越】頁籤 →【開啟穿越】。

33. 畫面就會切換到穿越的視圖。

34. 在性質的下方，將【遠裁剪作用中】取消勾選。

35. 畫面被裁剪的位置就會取消裁切，可以看見背後的地形與樹木。

36. 在專案瀏覽器下方點擊兩次【樓層 2】。

37. 在瀏覽器下方，點擊穿越 (漫遊) 前方的【+】，在【**穿越 1**】按下滑鼠右鍵，
　　　點擊【**展示相機**】。

38. 可以看到相機位置。

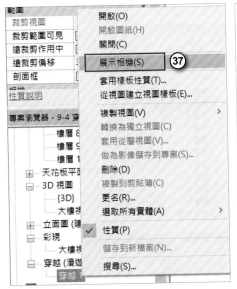

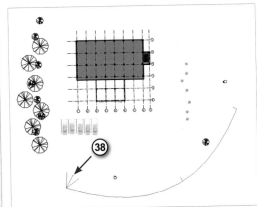

調整穿越路徑

01. 延續上一個章節的檔案。

02. 點擊專案瀏覽器下方穿越前方的
　　　【+】，並點擊兩次【**穿越 1**】。

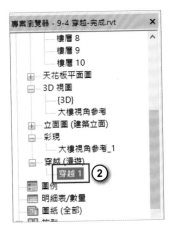

03. 點擊快速存取工具列的【**關閉隱藏視窗**】，使目前專案只剩下穿越視圖開啟。

04. 在專案瀏覽器下方點擊兩次【**樓層 2**】，開啟樓層 2 視圖。

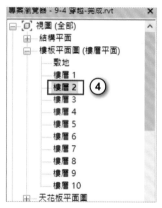

05. 點擊功能區上方【**視圖**】頁籤→【**視窗**】面板→【**並排視圖**】。

06. 在畫面中就會同時出現兩個並排的視窗。

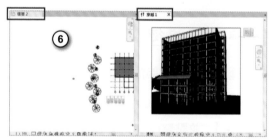

07. 在視窗的標題列按住滑鼠左鍵拖曳，可以移動頁面變更位置。

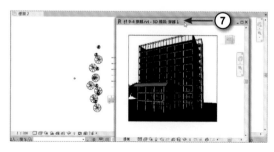

08. 將兩個頁面互相調換位置，並調整視圖的位置。

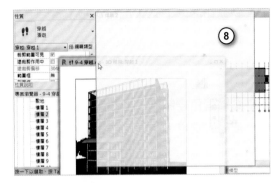

09. 點擊左邊視圖的外框，在右邊的視圖就會顯示相機的路徑。

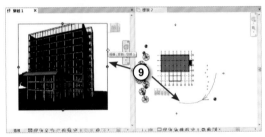

10. 在右邊視窗空白處按下滑鼠左鍵，此時頁面外框會變深藍色，啟用此視窗。

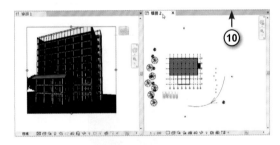

11. 點擊功能區上方【修改 / 相機】頁籤 →【編輯穿越】。

12. 在選項列中的【控制項】下拉式選單中點選【路徑】。

13. 點擊功能區上方【**編輯穿越**】頁
籤。

14. 點擊藍色控制點，並移動調整要
拍攝的視角。

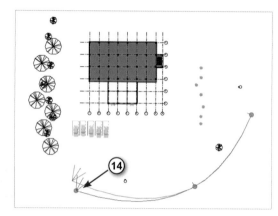

15. 在左方的相機視窗中，點擊藍色控制點並往上方拖曳將視窗變高。

16. 按住 Shift 鍵 + 滑鼠中鍵可以環轉視角，並調整視角的位置。

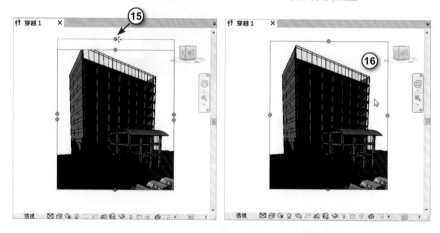

17. 點擊功能區上方【**編輯穿越**】頁
籤 →【**下一個關鍵畫面**】。

18. 將相機的位置變換到第二個影格位置做調整。

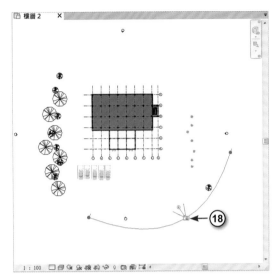

19. 依相同的方式調整路徑位置及相機視角,並可以利用兩個視窗來做觀察及調整。

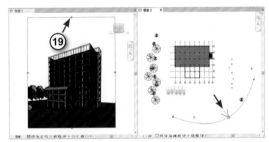

20. 依相同的方式來調整最後一個影格的角度。

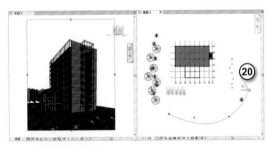

21. 調整完成後,按下【前一個關鍵畫面】及【下一個關鍵畫面】來確認三個影格的位置。

22. 點擊【前一個關鍵畫面】，將影格的位置調整到最前面的位置。

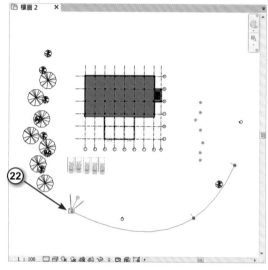

23. 切換到穿越視圖的視窗，點擊功能區上方【編輯穿越】頁籤 → 【播放】。

24. 畫面就會依穿越的路徑開始播放，完成調整穿越路徑，按下 Esc 鍵結束編輯穿越。

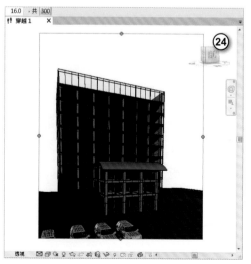

穿越動畫輸出

01. 延續上一個章節的檔案。

02. 點擊穿越視圖的外框,如圖所示。

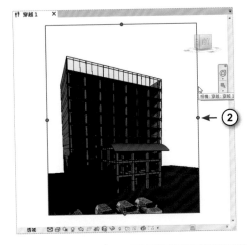

03. 點擊功能區上方【修改 / 相機】頁籤 →【編輯穿越】。

04. 點擊【共】後方的「300」數值欄位。

05. 在畫面總數欄位中輸入「100」,並按下【確定】,目前每秒的畫面數為 15 張。

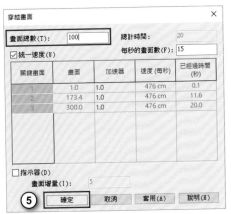

06. 點擊功能區上方【穿越編輯】頁
籤 →【播放】，並確認播放的速
度。

07. 確認完成後，點擊功能區上方
【檔案】頁籤 →【匯出】→【影
像與動畫】→【穿越】。

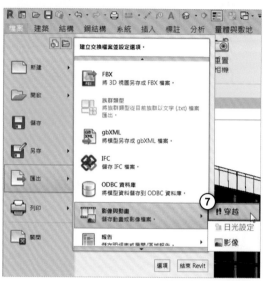

💡 **小秘訣**

必須開啟穿越視圖，才能匯出動畫。

08. 在輸出長度欄位中點擊【全部畫
面】，在視覺型式的下拉式選單
中點選【邊緣描影】，尺寸縮放
至【100】%，可自行放大縮小，
點擊【確定】。

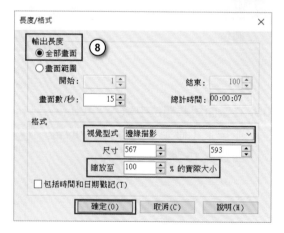

09. 輸入檔案名稱「9-4 穿越 - 完成」，並點擊【 儲存 】。

10. 在壓縮格式的下拉式選單中點
選【 全畫面 (未壓縮)】，並點擊
【 確定 】。

11. 匯出完成後就可以在儲存的位置找到穿越的檔案，完成穿越動畫輸出。

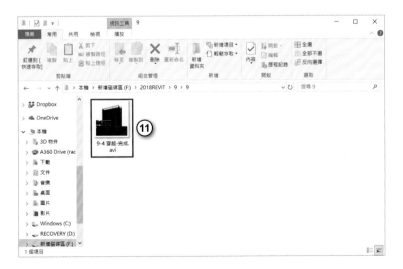

10 建築圖
圖紙建立

10-1 圖紙建立

建立新圖紙

01. 開啟範例檔〈10-1 圖紙建立 .rvt〉。點擊【視圖】頁籤 →【圖紙】按鈕，建立新圖紙。

02. 點擊【載入】，載入其他圖紙。

03. 選擇範例檔，【圖框】資料夾的【**A1.rfa**】，A0 與 A1 皆可，點擊【**開啟**】。

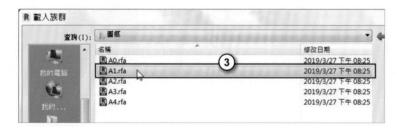

💡 **小秘訣**

也可以在【Chinese_Trad_INTL】資料夾→【圖框】→選擇【A1 公制 .rfa】圖紙。

04. 選擇【A1】，點擊【確定】。

05. 點擊【視圖】頁籤 →【視圖】按鈕，在目前圖紙中加入視圖。

06. 選擇【樓板平面圖：1 樓】，點擊【加入視圖至圖紙】。

07. 點擊左鍵放置視圖。

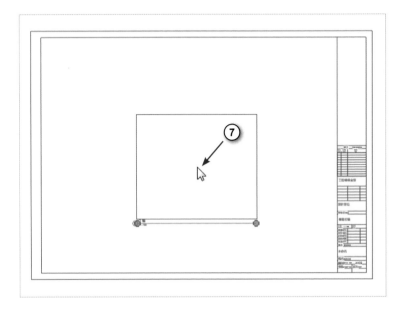

08. 選取已經放置的視圖，在性質面板下，【視圖比例】選【自訂】，【比例值 1:】
輸入「30」，如左下圖，來調整成合適的視圖比例，按住左鍵拖曳視圖到圖紙
中間。

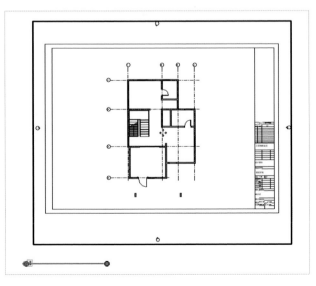

裁剪視圖

01. 左鍵兩下點擊視圖，編輯視圖，此時圖紙會變成灰色。

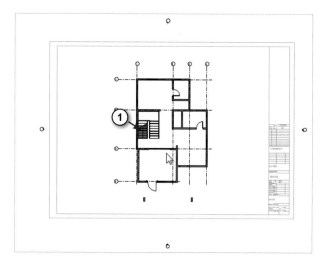

02. 在下方檢視控制列，點擊
【 🔲 】，展示裁剪範圍。

03. 選取裁剪框。

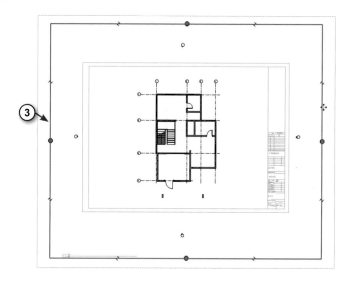

04. 左鍵拖曳四個方向的控制點，縮小裁剪範圍。

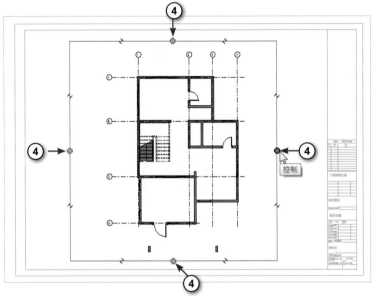

05. 在下方檢視控制列，點擊【 （不裁剪
視圖）】，取消裁剪，則東西南北立面圖示
會出現。

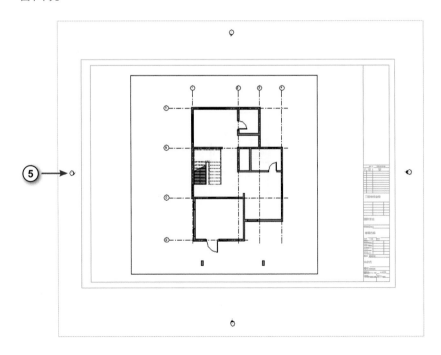

06. 在下方檢視控制列，再點擊【 ⬚ （裁剪視圖）】，則東西南北立面圖示會被裁剪。

07. 點擊【 ⬚ 】，隱藏裁剪範圍。

08. 在視圖外側點擊左鍵兩下，離開視圖編輯。

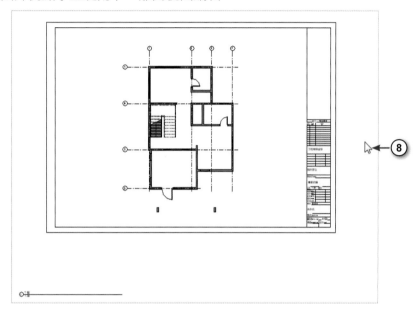

09. 按下 Esc 鍵取消選取物件，拖曳視圖標題到圖紙內。

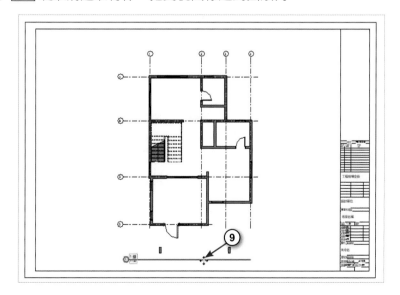

10. 先點選視圖。

11. 再拖曳標題右側控制點，可以修改長度。

12. 圖紙右側的專案名稱、圖名、圖號…等某部分文字，左鍵點擊兩下即可修改文字。

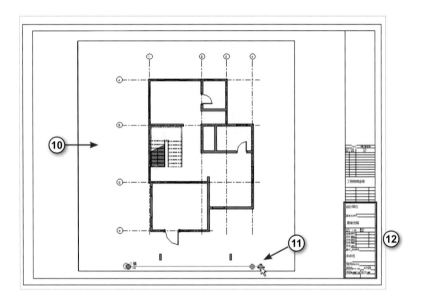

10-2 尺寸標註

01. 切換到【1樓】樓板平面圖，點擊【修改】頁籤 →【測量】面板 →【對齊標註】(或直接按下快捷鍵「DI」)。

02. 依序點擊網格 1、2、3、4 作連續標註。

03. 在空白處點擊左鍵放置標註。

04. 依序點擊網格 A、B、C、D 作連續標註。

05. 在空白處點擊左鍵放置標註。

💡 小秘訣

若對齊標註沒有一次標註完畢，可先按 Esc 取消指令，左鍵選取標註，再按下【編輯輔助線】，即可繼續選取網格線來標註，選取標註過的網格線則可以取消標註。

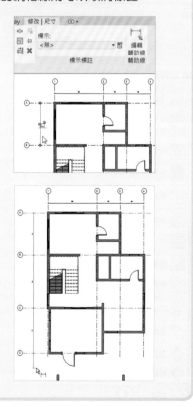

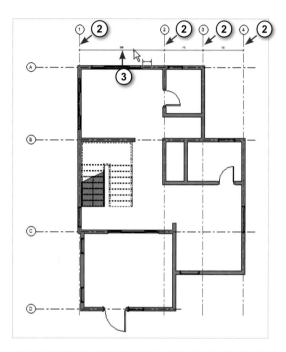

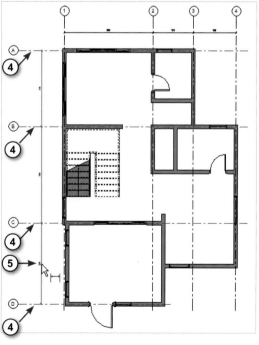

06. 選取完成的對齊標註，性質面板
會使目前的標註類型為【對角
線】，點擊【編輯類型】。

07. 先確認目前使用的箭頭類型為
【對角線 3mm】，之後可修改此
箭頭的參數。

08. 在文字標題下，【文字大小】輸
入「10」，點擊【確定】關閉視
窗。

09. 點擊【管理】頁籤 →【其他設
定】→【箭頭】。

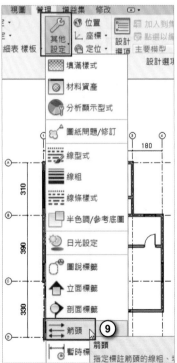

10.【類型】選擇【對角線 3 mm】。

11.【短斜線大小】輸入「10」，將箭頭變大，點擊【確定】關閉視窗。

12. 完成圖，這是一般建築斜線型式的標註。

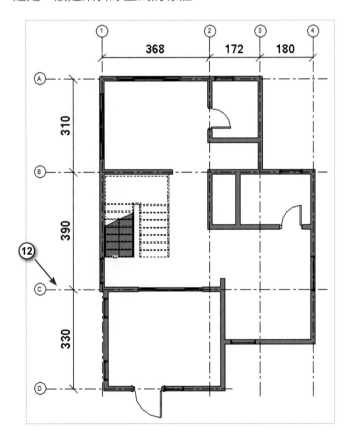

10-3 明細表建立

門窗標籤建立

01. 點擊【標註】頁籤 →【全部加上標籤】。

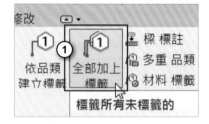

02. 勾選【窗標籤】、【門標籤】，取消勾選【引線】。

03. 點擊【確定】，此時門窗旁已經增加標籤。

04. 選取左下角的窗戶標籤，左鍵點擊文字來編輯，輸入「W1」，按下 Enter 鍵。

05. 出現對話視窗，選擇【是】，所有相同類型的窗戶會一起變更。

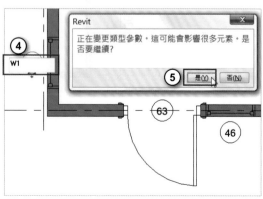

06. 完成圖。

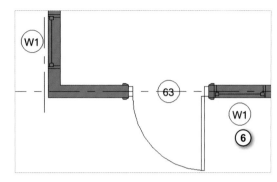

07. 將門的標籤也修改為「D1」。

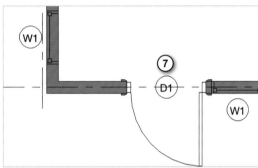

08. 將其他門窗的標籤皆作修改，變
更為「W2」、「W3」以此類推。

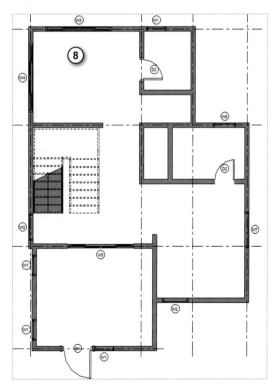

門標籤設定方式

01. 選取門的一個標籤，點擊功能區的【**編輯族群**】，會開啟族群的檔案。

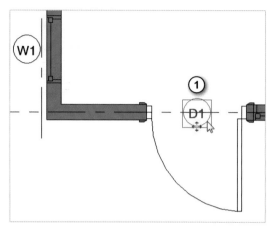

02. 點選中間【**D1**】的文字。

03. 確認【**可見**】為勾選狀態，點擊【**標示**】旁邊的【**編輯**】按鈕。

04. 可以知道此標示是顯示門的【**類型標註**】，點擊【**確定**】關閉視窗。

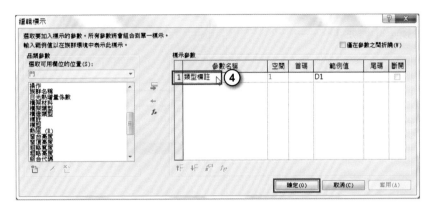

05. 若有修改參數，可點擊【**載入專案**】。

06. 若目前開啟一個以上的專案，會出現此對話框，勾選【**10-1 圖紙建立 .rvt**】，點擊【**確定**】，匯入此專案。

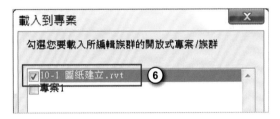

07. 選取任一個門，點擊【**編輯類型**】。

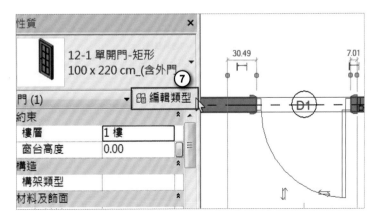

08. 查看【類型標註】為「D1」，可以理解標籤就是顯示此參數，完成後按下【確定】。

窗戶明細表建立

01. 點擊【視圖】頁籤 →【明細表】→【明細表／數量】。

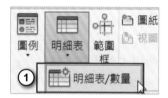

02.【品類】欄位選擇【窗】，點擊【確定】。

03. 點擊【欄位】頁籤。

04. 選擇【數量】、【族群】、【樓層】、【類型】…等需要的資訊，按住 Ctrl 鍵可以加選多個項目。

05. 點擊【 ⬇ （加入參數）】按鈕，可將參數加到右邊的明細表欄位。

06. 可利用【上移參數】、【下移參數】按鈕，排列欄位順序。

07. 點擊【確定】，建立明細表。

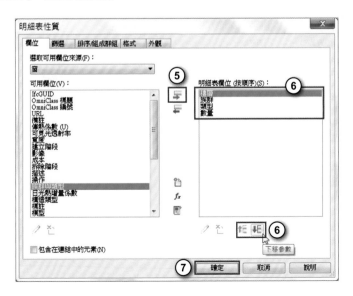

08. 可以發現明細表排列無規則，且數量沒有合併計算。在性質面板下，點擊【排序 / 組成群組】旁邊的【編輯】來修改。

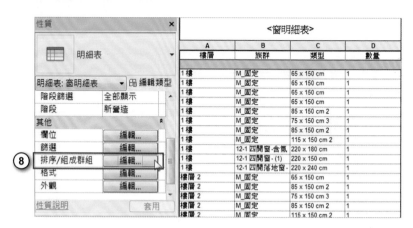

09. 排序依據 1 選擇【族群】，排序條件 2 選擇【類型】，排序條件 3 選擇【樓層】，使明細表依此重要性來排序。

10. 勾選【總計】，使明細表最下方出現總數。

11. 取消勾選【詳細列舉每個實體】，使數量合併計算。

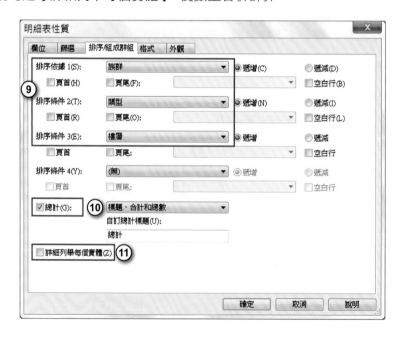

12. 切換到【格式】頁籤。

13. 選擇【數量】，展開【未計算】的下拉選單，變更為【計算總數】，使數量表格
最下方出現總數量。

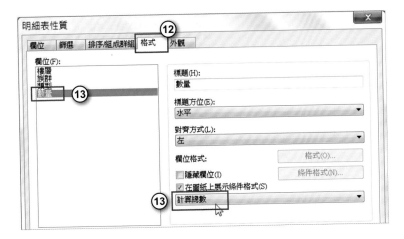

14. 切換到【外觀】頁籤。

15. 取消勾選【資料前的空白列】，使樓層、族群、類型、數量下面的灰色空白列
消失。

16. 點擊【確定】關閉視窗，欄位之間分隔線可以左鍵拖曳調整，完成如右圖。

	<窗明細表>		
A	**B**	**C**	**D**
樓層	族群	類型	數量
1樓	12-1 四開窗 - (1)	220 x 150 cm	1
樓層 2	12-1 四開窗 - (1)	220 x 150 cm	2
樓層 3	12-1 四開窗 - (1)	220 x 150 cm	2
樓層 4	12-1 四開窗 - (1)	220 x 150 cm	2
1樓	12-1 四開窗-含氣窗 - (1)	220 x 180 cm	1
樓層 2	12-1 四開窗-含氣窗 - (1)	220 x 180 cm	1
樓層 3	12-1 四開窗-含氣窗 - (1)	220 x 180 cm	1
樓層 4	12-1 四開窗-含氣窗 - (1)	220 x 180 cm	1
1樓	12-1 四開落地窗-含氣窗 - (1)	220 x 240 cm	1
1樓	M_固定	65 x 150 cm	4
樓層 2	M_固定	65 x 150 cm	1
樓層 3	M_固定	65 x 150 cm	1
樓層 4	M_固定	65 x 150 cm	1
1樓	M_固定	75 x 150 cm 3	1
樓層 2	M_固定	75 x 150 cm 3	1
樓層 3	M_固定	75 x 150 cm 3	1
樓層 4	M_固定	75 x 150 cm 3	1
1樓	M_固定	85 x 150 cm 2	2
樓層 2	M_固定	85 x 150 cm 2	2
樓層 3	M_固定	85 x 150 cm 2	2
樓層 4	M_固定	85 x 150 cm 2	2
1樓	M_固定	115 x 150 cm 2	1
樓層 2	M_固定	115 x 150 cm 2	1
樓層 3	M_固定	115 x 150 cm 2	1
樓層 4	M_固定	115 x 150 cm 2	1
總計: 35			35

10-4 色彩計畫

房間邊界與標籤建立

01. 切換到【1 樓】樓板平面圖。點擊【建築】頁籤 →【房間分隔線】。

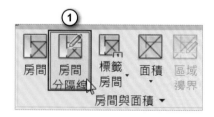

02. 繪製兩條線段分隔房間，如右圖
按下 Esc 鍵結束繪製。牆面也
算是房間邊界，因此被牆面包圍
的房間不需要再分隔。

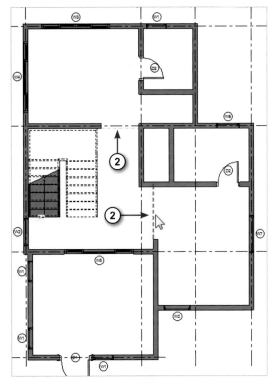

03. 點擊【建築】頁籤 →【房間】，
標示房間邊界與標籤。

04. 確認有開啟【放置時進行標籤】，
此按鈕必須呈現藍色。

05. 類型選取器選擇【**房間編號含面積**】。

06. 點擊【**編輯類型**】。

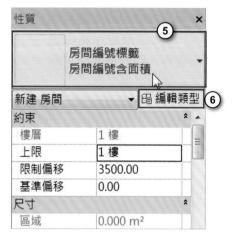

07. 勾選【**顯示區域**】，標籤會顯示面積。

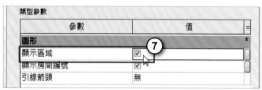

08. 左鍵點擊房間內部，會新增房間邊界與標籤。

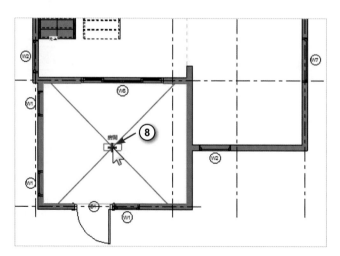

09. 也可直接點擊【**自動放置房間**】。

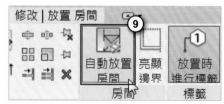

10. 所有房間已經建立完畢，點擊【關閉】。

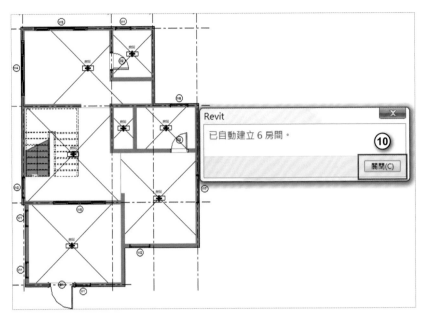

11. 選取標籤，點擊標籤名稱或編號，可以修改。並將標籤修改為客廳、廁所、廚房、玄關、管道間、臥室、走道完成後如下圖所示。

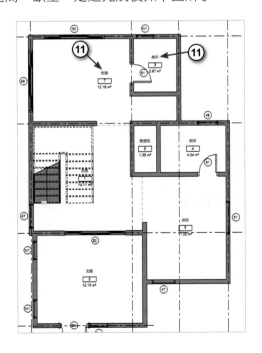

12. 在【建築】頁籤 →展開【房間
與面積】面板 → 點擊【面積與
體積計算】。

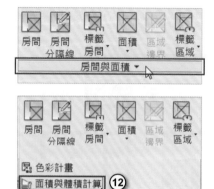

13. 可以修改面積計算的範圍。

色彩計畫設定

01. 在【建築】頁籤 → 展開【房間
與面積】面板 → 點擊【色彩計
畫】。

02. 在【品類】選擇【房間】，再點選【計畫 1】。

03. 在【顏色】選擇【名稱】，表示以名稱來分配房間顏色。

04. 點擊【確定】。

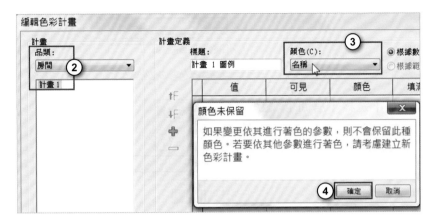

05. 此時可看見各房間的顏色，點擊顏色欄位也可以變更顏色，點擊【確定】關閉
視窗。

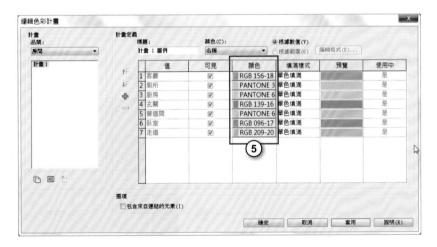

06. 接下來要將色彩計畫套用到平面圖。在性質面板，點擊【色彩計畫】旁邊的【無】，表示目前房間沒有色彩計畫。

07. 在【品類】選擇【房間】，選取【計畫 1】的色彩計畫，點擊【確定】關閉視窗。

08. 此時房間區域已經有顏色。點擊【標註】頁籤 →【顏色填滿圖例】。

09. 點擊左鍵放置顏色圖例。

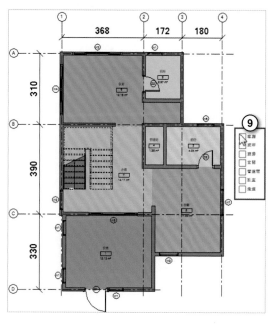

10. 選取建立好的顏色圖例，點擊
【編輯類型】。

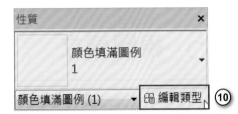

11. 可以修改【大小】、【字體】等參
數，完成後點擊【確定】。

12. 完成圖。

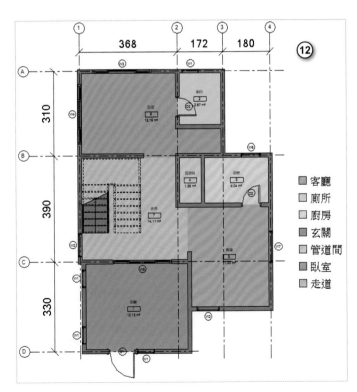

10-5 視圖建立

樓板平面圖

01. 開新專案，切到北立面圖，利用【**複製**】指令複製樓層線。

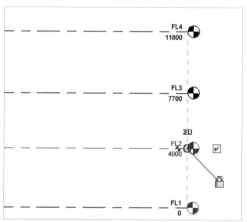

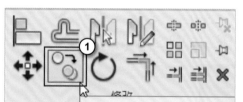

02. 會發現專案瀏覽器沒有 3、4 樓的平面圖。

03. 點擊【視圖】→【平面視圖】→【樓板平面圖】。

04. 選擇沒有平面圖的樓層，按下【確定】。

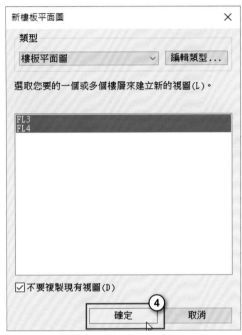

05. 完成圖。天花板圖也是以相同方
　　 式建立。

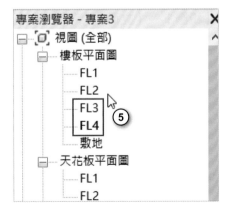

立面圖

01. 切到 1F 平面圖，利用【牆】指令。

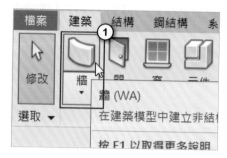

02. 繪製斜牆面。

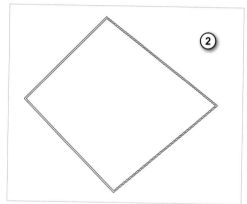

03. 點擊【視圖】→【立面】。

04. 靠近斜牆放置立面符號。

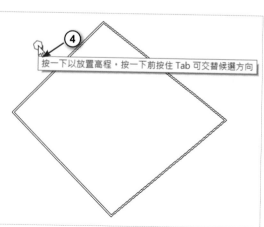

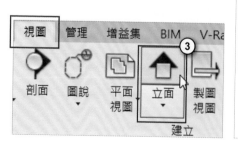

05. 可增加此方向的立面圖。

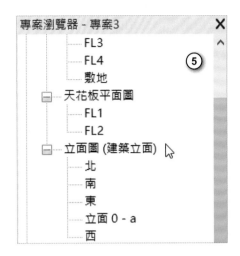

剖面圖

01. 開啟〈10-5 剖面 .rvt〉，切到 1
樓平面圖，點擊【視圖】頁籤→
【剖面】。

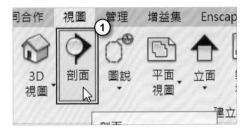

02. 點擊兩個點來建立剖面位置。

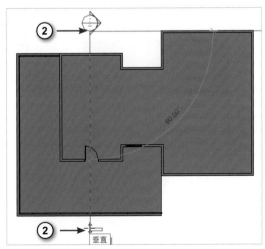

03. 拖曳三角箭頭調整剖面範圍。

04. 點擊左右箭頭來翻轉剖面方向。

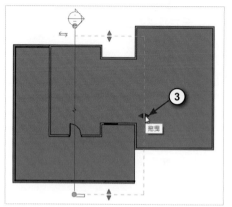 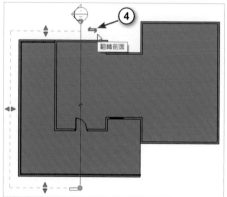

05. 在剖面線外按下滑鼠左鍵取消選取。再點擊剖面的頭部左鍵兩下，可以進入剖面視圖。

06. 或是在專案瀏覽器，展開【剖面】→左鍵點擊兩下【剖面 1】。

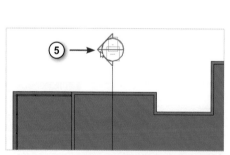 

07. 完成剖面。

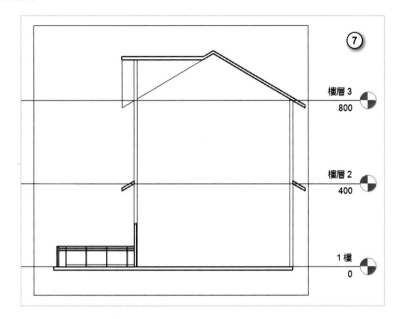

08. 回到 1 樓平面圖,選取剖面線可以再調整範圍。

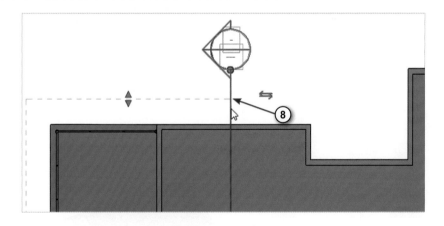

暫時剖面

01. 延續上一個檔案,回到 3D 視圖,框選兩個窗戶。

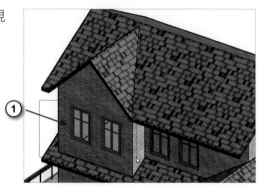

02. 點擊【選取方塊】按鈕,就能將窗戶隔離出來檢視。

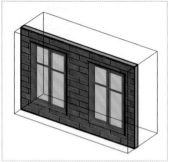

03. 按下 Esc 鍵取消選取。在性質面板→取消勾選【剖面框】,恢復原狀。

04. 再次勾選【**剖面框**】，剖面框會出現，但不會是上次的形狀。

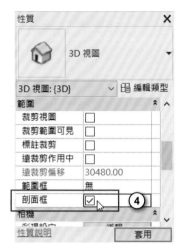

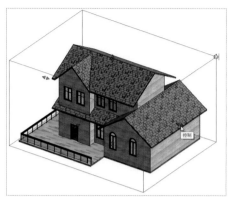

05. 選取剖面框，拖曳側邊的三角形箭頭，可以暫時顯示建築的剖面。

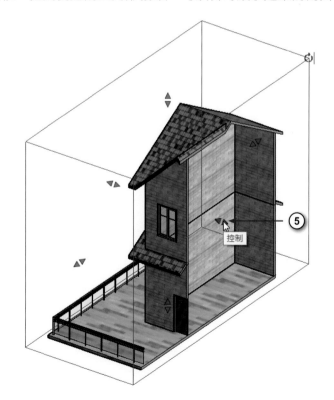

11

族群建立

11-1 族群建立方式

族群品類設定

01. 點擊【檔案】→【新建】右邊箭頭 →【族群】。

02. 選擇【公制通用模型 .rft】的樣板，點擊【開啟】。

03. 點擊【 ▥ 】編輯族群品類，此樣板預設選擇【一般模型】，點擊【確定】。(選擇不同的品類會影響載入族群方式，舉例來說，若設定門品類，就要在建立門的時候才能選擇此族群。)

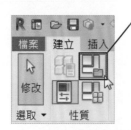

擠出

01. 在【建立】頁籤→【塑形】面板
→點擊【擠出】。

02. 選擇一種繪製工具,繪製封閉的
造型。

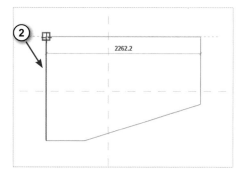

03. 點擊【✔】按鈕,完成擠出。

04. 切換到【3D 視圖】,選到擠出模
型,可以拖曳控制點改變形狀。

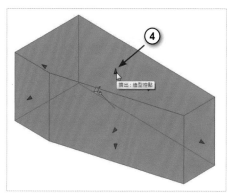

迴轉

01. 在專案瀏覽器，回到【參考樓層】的樓板平面圖。

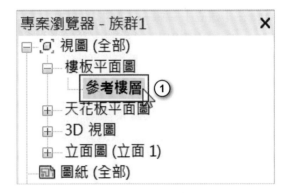

02. 在【建立】頁籤→【塑形】面板→點擊【迴轉】。

03. 選擇【邊界線】，選擇線的繪製工具，繪製一半的造型邊界線。

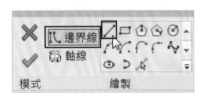

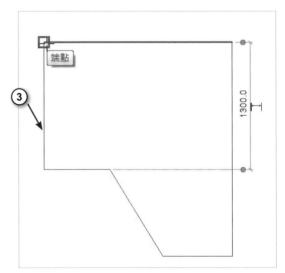

04. 選擇【**軸線**】，選擇線的繪製工具，點擊上下兩個點，繪製旋轉軸。

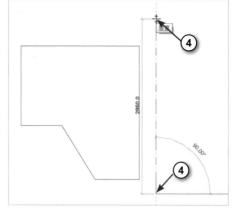

05. 點擊【 ✓ 】，完成迴轉，切到 3D 視圖檢視模型。

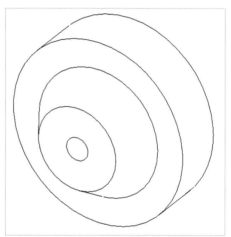

混成

01. 在專案瀏覽器，回到【**參考樓層**】的樓板平面圖。

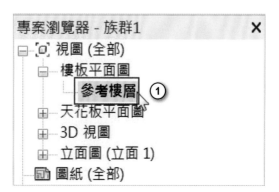

02. 在【建立】頁籤→【塑形】面板
→點擊【混成】，此功能可將兩
個不同造型連接起來。

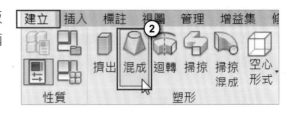

03. 選擇矩形的繪製工具，繪製一矩
形，此為混成底部的造型。

04. 點擊【編輯頂部】。

05. 選擇多邊形的繪製工具。

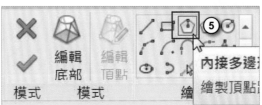

06. 繪製一多邊形，此為混成頂部的
造型。

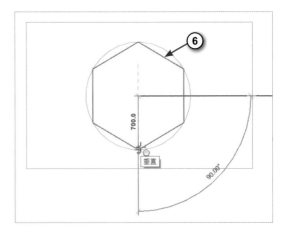

07. 點擊【】按鈕。

08. 切換到 3D 視圖，選取完成的混成模型。在性質→【**第二個端點**】輸入「**3000**」設定高度。

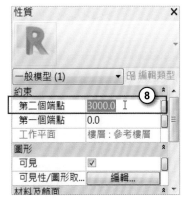

09. 左鍵點擊混成模型兩下，進入編輯模式。點擊【**編輯頂點**】。

10. 選擇一個空心點，可以增加或減少連接線。

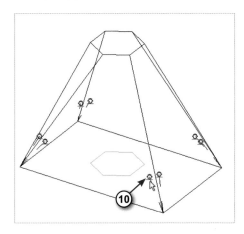

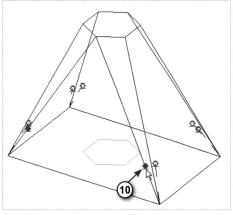

11. 回到【修改 | 編輯混成底部邊界】頁籤，點擊【 ✅ 】按鈕完成。

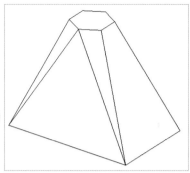

掃掠

01. 回到【參考樓層】的樓板平面圖。

02. 在【建立】頁籤→【塑形】面板→點擊【掃掠】。此功能需要一條路徑與一個輪廓，輪廓會沿著路徑長出 3D 造型。

03. 點擊【繪製路徑】。

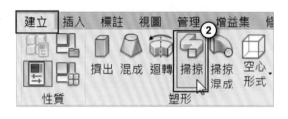

04. 選擇線的繪製工具。繪製掃掠路徑。

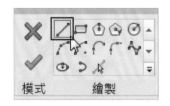

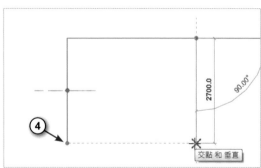

05. 點擊【 ✓ 】按鈕，完成路徑繪製。

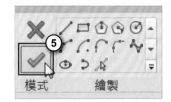

06. 點擊【選取輪廓】，再點擊【編輯輪廓】編輯選到的輪廓。

07. 若目前視角無法繪製輪廓，會跳出此視窗，可選擇【立面圖：前】來繪製輪廓，按下【開啟視圖】。

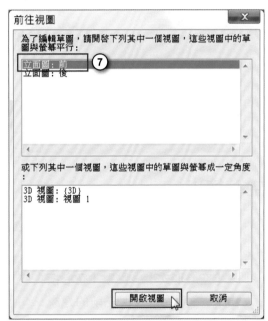

08. 選擇線的繪製工具，繪製階梯形狀。

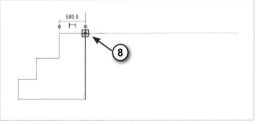

09. 點擊【✓】按鈕，完成輪廓繪製，再點擊【✓】按鈕一次，完成掃掠。

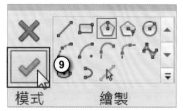 

10. 切到 3D 視圖，檢視完成圖。

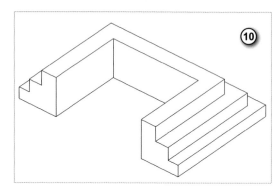

空心擠出

01. 回到【參考樓層】的樓板平面圖。

02. 在【建立】頁籤→【塑形】面板 →【空心形式】→點擊【空心擠 出】。這邊的指令與先前的建模 方式相同，只差別在移除，不是 長出。

03. 選擇線的繪製工具，在階梯上繪
製封閉線段。

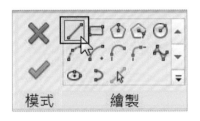

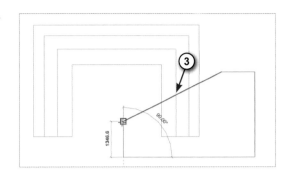

04. 點擊【 ✔ 】完成空心擠出。

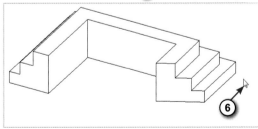

05. 切到 3D 視圖，拖曳空心擠出下
方的控制點，往下拖曳，增加擠
出高度。

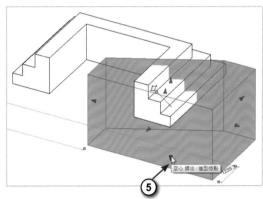

06. 在空白處點一下滑鼠左鍵，即完
成。

07. 若需要修改，滑鼠只要靠近階梯切除的面，就能選取到空心擠出，按左鍵兩下可以編輯。

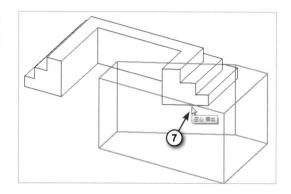

11-2 三層櫃族群建立

族群的參數設定

01. 點擊【檔案】→【新建】→【族群】。

02. 選擇【公制通用模型】，按下【開啟】。

03. 點擊【建立】頁籤→【擠出】。

04. 選擇矩形的繪製工具,畫矩形橫跨綠色虛線,如圖。

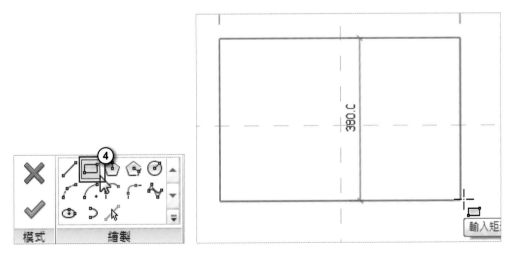

05. 點擊【對齊標註】，由上而下選取三條水平線，在右側左鍵放標註，按下 EQ 使間距相等。

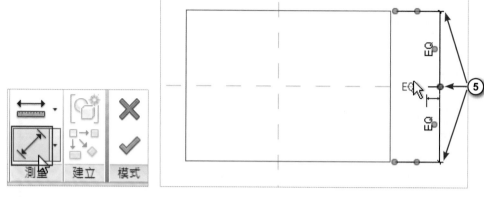

06. 再點擊上下水平線，標註總距離。

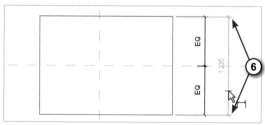

07. 同理，點擊【對齊標註】，由左而右選取三條垂直線，放標註並按下 EQ，再標註總距離。

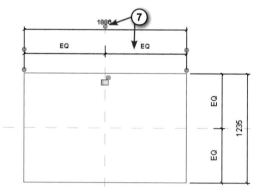

08. 選取如圖尺寸，點擊【 ▣ （建立參數）】，建立好參數之後可以在專案中控制。

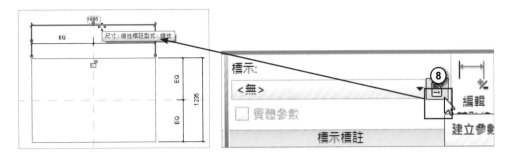

09. 設定名稱「寬度」，群組條件「尺寸」，按下【確定】完成建立參數。

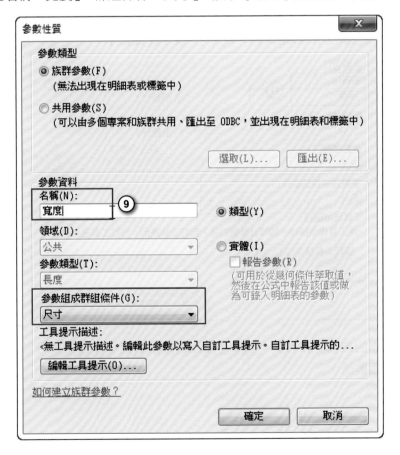

10. 同理，選取右邊尺寸，點擊【建立參數】。

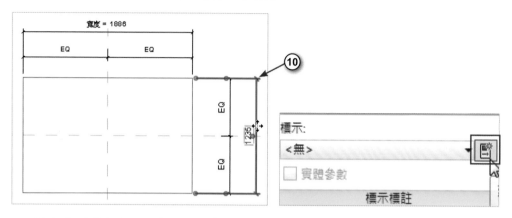

11. 設定名稱「深度」，群組條件「尺寸」，按下【確定】。

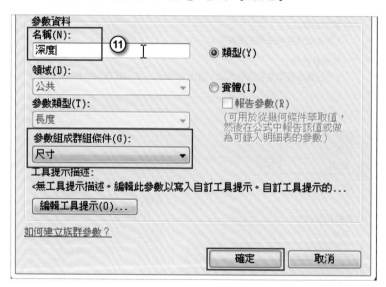

12. 選取擠出的方塊，在性質→點擊【擠出終點】右邊的小按鈕，可以利用參數來控制這個數值。

13. 點擊【新參數】，按下【確定】。

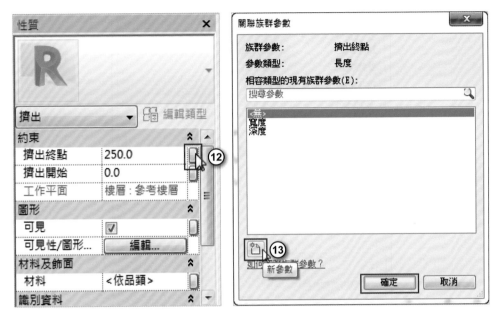

14. 設定名稱「高度」，群組條件「尺寸」，按下【確定】。

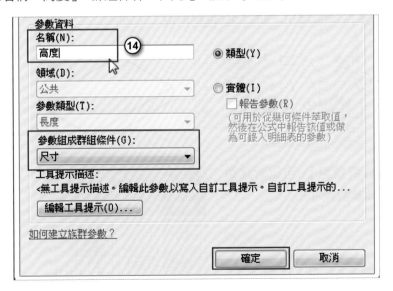

15. 選取「高度」參數來控制擠出終點的數值，按下【**確定**】。

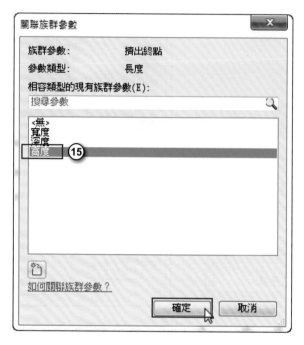

16. 按下【 ✓ 】，完成擠出。切到 3D 視角檢視。

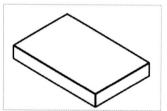

17. 點擊【**族群類型**】，可以新建類型或修改參數尺寸。

18. 修改寬度「420」，深度「300」，高度「900」(單位為 mm)，按下【**確定**】。

19. 點擊快速存取區的【 ▤ 】，從
粗線切換為細線。

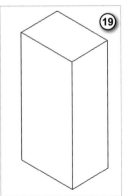

參數重複使用

01. 在專案瀏覽器，切換到前立面圖。

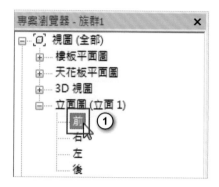

02. 點擊【建立】頁籤 →【空心形式】→【空心擠出】。

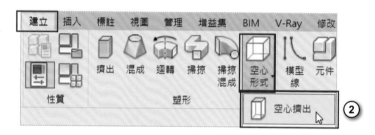

03. 選擇矩形工具，在原本的方塊內繪製矩形。

04. 再繪製第二個矩形，從第一個矩形延伸的位置上點擊左鍵繪製矩形。

05. 畫到矩形右側的延伸線上。

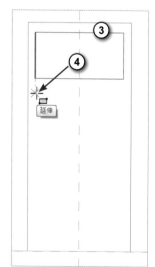
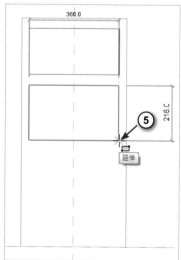

06. 點擊兩邊的鎖頭，鎖住對齊。

07. 再繪製第三個矩形，從第二個矩形延伸的位置上點擊左鍵繪製矩形。

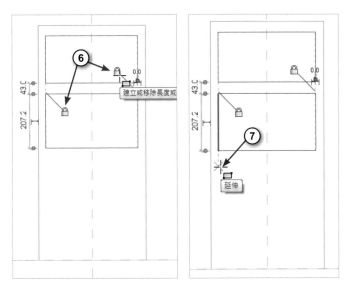

08. 畫到矩形右側的延伸線上。

09. 點擊兩邊的鎖頭，鎖住對齊。

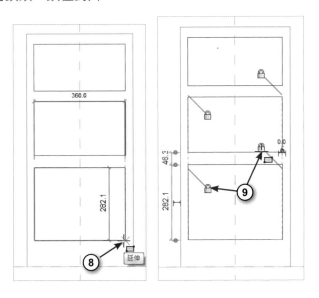

10. 點擊【對齊標註】，標註矩形之間，以及矩形和方塊的間距。

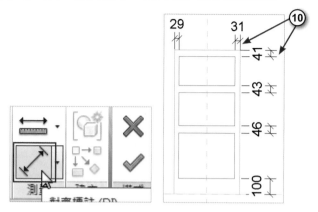

11. 選取其中一個尺寸，點擊【建立
參數】。

12. 設定名稱「間距」，群組條件「尺寸」，按下【確定】。

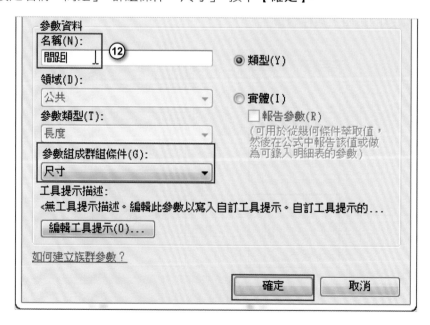

13. 選取其他的尺寸，點開【標示】的下拉選單，選擇【間距】，使間距參數可以同時控制許多尺寸。

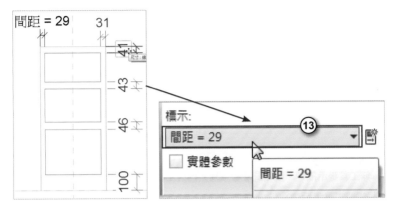

14. 完成如右圖。

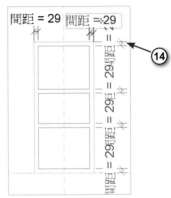

15. 同理，標註每層格子高度。

16. 選取其中一個尺寸，點擊【建立參數】。

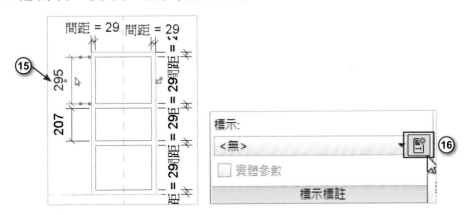

17. 設定名稱「每層高度」，群組條件「尺寸」，按下【確定】。

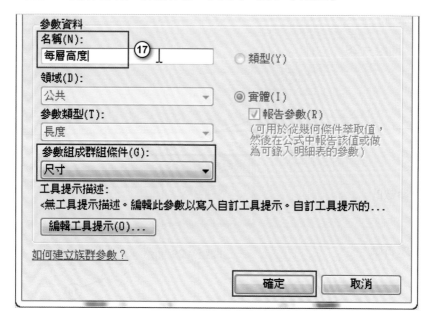

18. 選取另一個尺寸，在【標示】的下拉選單選擇【每層高度】。

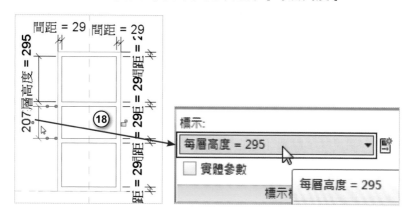

族群類型設定

01. 點擊【族群類型】。

02. 修改參數的數值。

03. 點擊【 (新類型)】。

04. 可以用櫃子尺寸作為名稱。

05. 再按一次【 📄 (新類型)】，設
定另一個櫃子尺寸的名稱。

06. 修改新類型的參數數值。按下【確定】。

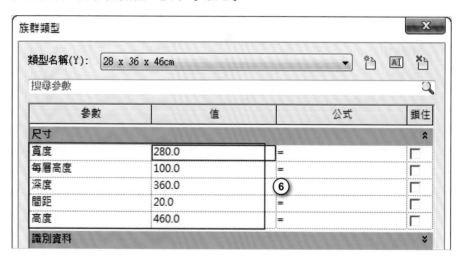

07. 點擊【 ✔ 】，完成空心擠出。

08. 在專案瀏覽器，切換到參考樓層的平面圖。

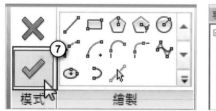
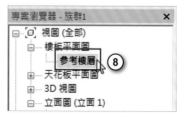

09. 選到空心擠出的邊，往上拖曳三角形點到櫃子的邊緣。

10. 並馬上點擊鎖頭來鎖住。

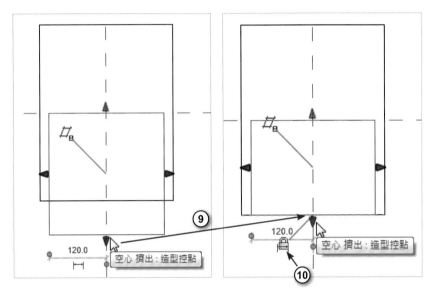

11. 使用【對齊標註】，標註空心擠出到上面的距離。

12. 選取尺寸，在【標示】下拉選單中選擇【間距】。

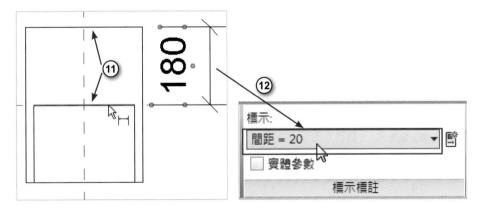

13. 切到 3D 視圖，參數文字會很大，可以選取起來，點選下方的眼鏡圖示 →【隱藏元素】，暫時隱藏。

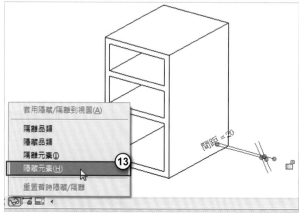

材料參數設定

01. 選取櫃子，在性質面板，點擊【材料】欄位右邊的按鈕。

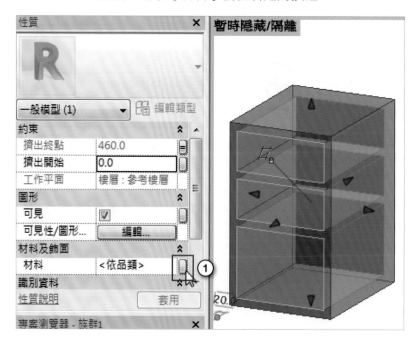

02. 點擊【新參數】。

03. 設定名稱「三層櫃材料」，群組條件「材料及飾面」，按下【確定】。

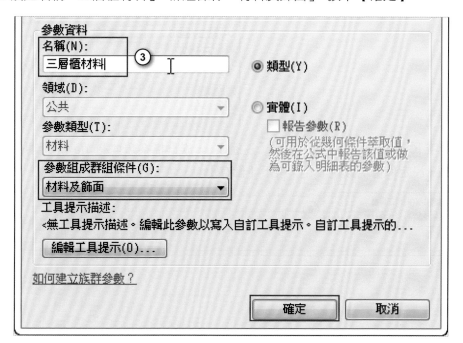

04. 選取「三層櫃材料」參數，用來控制櫃子材料，按下【確定】。

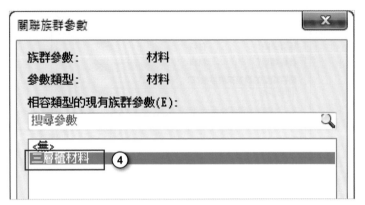

05.【材料】右邊的小按鈕會改變樣
式，表示目前用參數來控制材料。

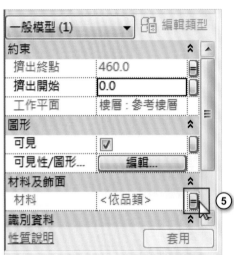

06. 按下 Ctrl + S 鍵存檔，檔名「三層櫃」，族群檔案類型為 .rfa，【選項】點進
去，設定備份檔數量「1」，按下【儲存】。

把族群載入專案

01. 點擊【檔案】→【新建】，建立
新專案，選取建築樣板。

02. 在快速存取區，點擊【切換視窗】→ 切回族群檔案的 3D 視圖。

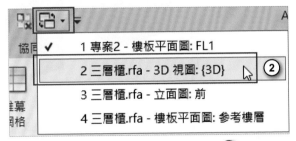

03. 點擊【載入到專案】，目前族群
直接匯入專案，若專案有很多個
檔案，會跳出視窗做勾選。

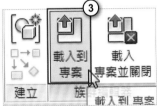

04. 按左鍵放置三層櫃。

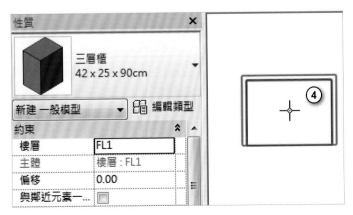

05. 選一個三層櫃，在性質變更其他類型。

06. 點擊【編輯類型】。

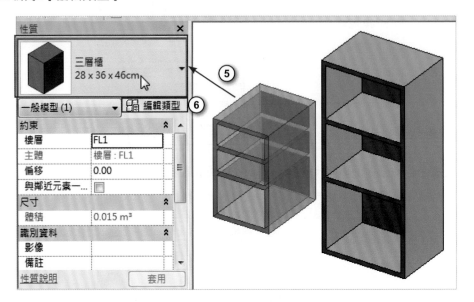

07. 點擊 < 依品類 >，再按下右邊小按鈕，選取一個櫻桃木或其他材料。

08. 完成如下圖。

09. 在下方視覺型式選擇【**擬真**】，可以看見材料紋路。

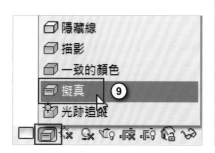

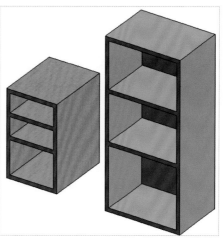

12 綜合案例：社區住宅 ▶

本章將介紹如何依照 CAD 平面圖面來建立建築，包括牆面與柱子的建立、載入族群、性質的設定，可以做為初學者重要的綜合功能演練，讓您從無到有建立一棟社區住宅。

12-1　住宅大樓建立

12-1 住宅大樓建立

牆面與柱子

01. 開啟 Revit 後，點擊【瀏覽】→選 擇 DefaultTWNCHT_2020.rte 樣板檔來建立專案，此樣板檔已 有住宅會使用到的族群，且專案 單位已設定為公分。若您選擇建 築樣板，則請您自行設定或載入 類似族群。

02. 點擊【插入】頁籤→【匯入 CAD】，並選擇範例檔「cad. dwg」。

03. 匯入後可以發現畫面出現匯入的 cad 檔案，點擊圖釘解鎖。

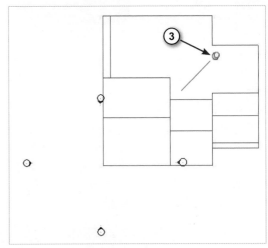

04. 並將 cad 圖移動至四個立面符
　　 號中。且 cad 圖超過範圍，可
　　 以調整立面符號的位置。

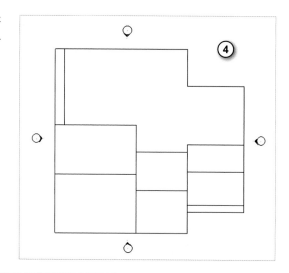

小秘訣

若無法移動 cad 底圖可能是因為被鎖住了，點擊底圖中的 ⚙ 即可解鎖。

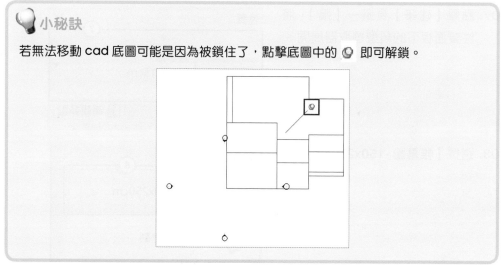

05. 點擊【建築】頁籤→【牆】，並
　　 在牆的【關聯式功能區頁籤】點
　　 擊【🔸 點選線】。

繪製

06. 點選如右圖所示的線段建立牆
面，未點選的線段則是要做玻璃
帷幕。

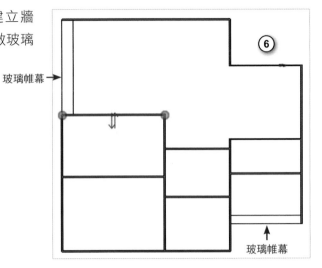

← 玻璃帷幕

玻璃帷幕

07. 點擊【建築】頁籤→【牆】，將
性質面板下的類型選取器展開。

性質 ✕

⑦

基本牆
RC 牆 15cm ▾

新建 牆 ∨ 🔲 編輯類型

08. 選擇【帷幕牆 -150x250cm】。

帷幕牆

⑧

帷幕牆-150x250cm

帷幕牆-無分割

09. 依據右圖所示，點擊 4 條線。

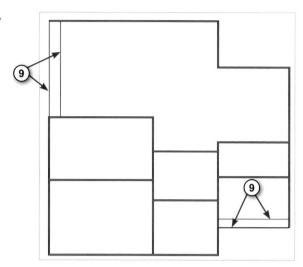

10. 切換至 3D 視圖可以發現玻璃帷幕已建立好。

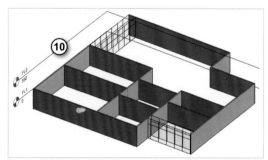

11. 選取所有最外側的玻璃帷幕後，在性質面板將【頂部約束】改為「未連接」,【不連續高度】改為「120」,即可將玻璃帷幕改為 120cm。

12. 點擊【建築】頁籤→【豎框】，
    並在豎框的【關聯式功能區頁
    籤】點擊【所有網格線】。

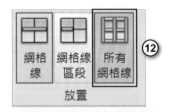

13. 點擊玻璃帷幕，即可建立窗框。

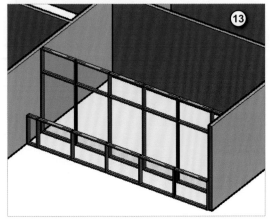

💡 小秘訣

建立豎框時若出現下列視窗，點擊【刪除元素】即可。

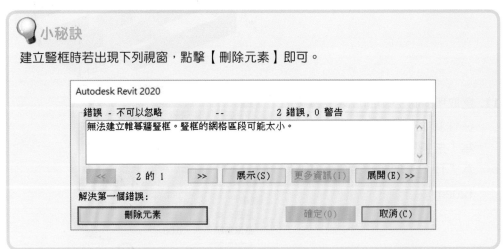

14. 到專案瀏覽器面板 →【視圖】
→【立面圖】進入【南立面】視
圖。

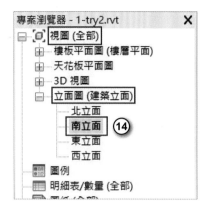

15. 將 1、2 樓更名為 FL1 與 FL2。
點擊【建築】頁籤→【樓層】，
並建立樓層到 11 樓以及 R 樓
(頂樓)，間距皆為 350cm，完
成後如右圖。

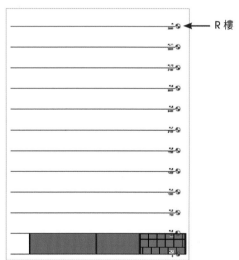

R 樓

💡 小秘訣

1. 若您使用的是建築樣板，非 DefaultTWNCHT_2020.rte
樣板，回到 3D 視圖後會看見樓層線。

2. 選取所有樓層線，點擊滑鼠右鍵→【在視圖中隱藏】
→【元素】，即可隱藏樓層線。

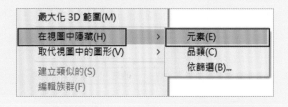

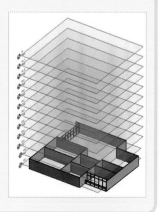

16. 選取所有的模型後點擊右下
    角【▽ 篩選器】，並將【cad.
    dwg】底圖取消勾選，點擊【確
    定】。

17. 點擊 Ctrl + C 複製，並至功能
    區點擊 →【貼上】→【與選取
    的樓層對齊】。

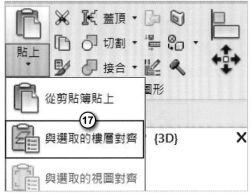

18. 選擇【FL2】後點擊【確定】，
    即可將模型複製到二樓。

19. 可在 3D 視圖中將畫面轉正並選取一樓的模型，並至篩選器將【**cad.dwg**】底圖取消勾選後，按 Delete 鍵刪除模型，留下二樓模型如右下圖。

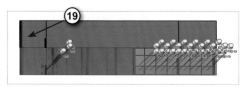 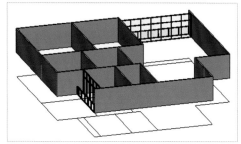

20. 回到 FL1 樓板平面圖後，在性質選項面板下的【**參考底圖**】→【**基準樓層**】設為「FL2」、【**頂部樓層**】設為「FL3」後，點擊【**套用**】，可看見牆面。

21. 點擊【**建築**】頁籤→【**柱**】，並在類型選取器選擇「混凝土柱－矩形」用來建立柱子。

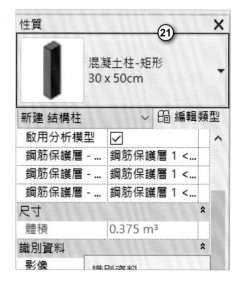

22. 並將選項列設為「高度、FL3」。

23. 建立柱子後並移動至模型左下角。

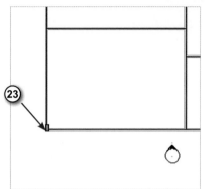

24. 在如右圖所示位置放置柱子，按 Esc 鍵結束指令。

 小秘訣

按空白鍵可以改變柱子的方向。結束指令後，再選取柱子按空白鍵也可變更方向。

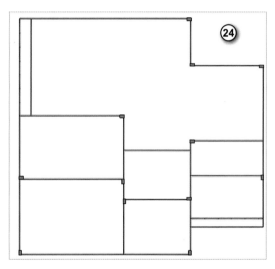

25. 在 FL1 樓板平面圖，點擊【建築】頁籤→【樓梯】，空白處點擊滑鼠左鍵並往左拖曳，先建立八個豎版。

26. 在下方適當距離點擊滑鼠左鍵並
往右移到底後點擊左鍵，即可完
成樓梯。

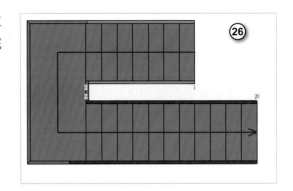

27. 框選樓梯，將樓梯移動到適當位置，按下打勾按鈕完成。

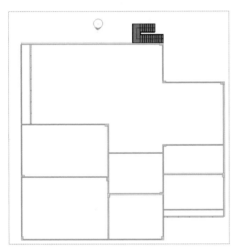

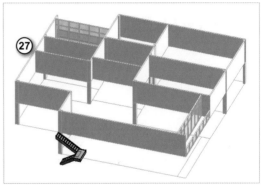

窗

沿用上一小節所製作的檔案,或開啟範例檔「外牆 .rvt」。

01. 至【樓板平面圖 **FL2**】視圖後,
點擊【建築】頁籤→【窗】,來
建立窗戶。

02. 並在窗的【關聯式功能區】頁籤
點擊【載入族群】。

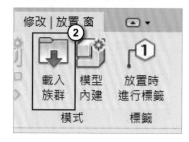

03. 載入範例檔的窗戶族群,選取喜
歡的樣式,點擊牆面即可建立窗
戶。

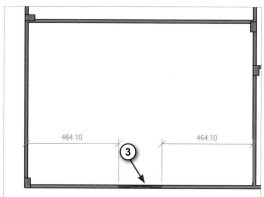

04. 讀者可依據喜好決定窗戶樣式與
數量多寡。

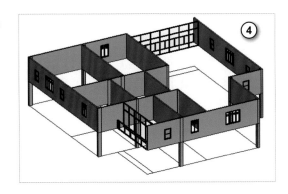

05. 若想更改窗戶尺寸，先選取窗戶
後，點擊性質面板的【**編輯類
型**】。

06. 調整類型性質視窗的「尺寸」即
可。

門

01. 至【樓板平面圖 F2】視圖後，
    點擊【建築】頁籤→【門】，來
    建立門片。

02. 依據上述方法建立門片即可完成。

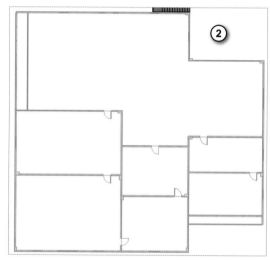

分割面

01. 選取要分割的牆面後點擊【 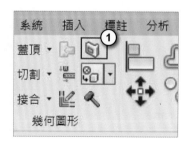
    分割 】，再點擊一次要分割的牆
    面。

02. 並選擇【矩形】的繪製工具。

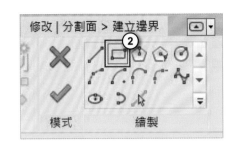

03. 以兩個窗戶的端點作為分割範圍。如右圖紫色矩形為分割出來的面。點擊打勾按鈕完成分割。

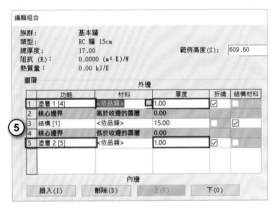

矩形第二點

矩形第一點

04. 選取牆面，點擊【編輯類型】，按下結構右邊的【編輯】。

05. 按下【插入】建立「塗層」且厚度為 1，使牆面可以貼材質。建立完後點擊材料欄下的【...】即可開啟材料瀏覽器。

06. 點擊視窗左下角【 🔵▾ 建立和複製材料】→【建立新材料】。

07. 在上一步驟建立的新材料上點擊滑鼠右鍵→【更名】為「牆」。

08. 點擊視窗左下角【 開啟 / 關閉資產瀏覽器】即可開啟資產瀏覽器視窗。

09. 選擇喜歡的材料並點擊左鍵兩下，回到材料瀏覽器，並點擊【確定】。

10. 將另一個「塗層」材料也設為同樣的材料，即可完成牆面材質設定。

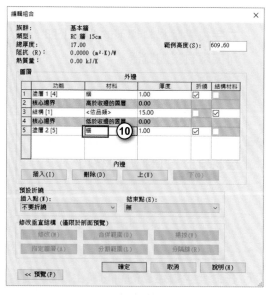

11. 點擊【管理】頁籤→【材料】，來開啟材料瀏覽器視窗。並依據上述步驟 6~9 再建立一個新材質，更名為「牆 2」。

12. 輸入快捷鍵「PT」，並選擇上一
步驟建立的材質。

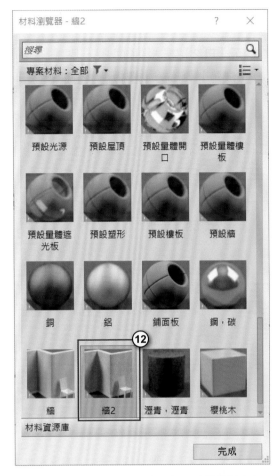

13. 選擇分割的牆面，即可使分割的
牆面貼上不同的材質，讓牆面不
單調。

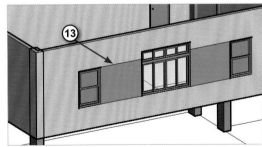

樓板

01. 至【FL2】樓板平面圖，點擊
【建築】頁籤→【樓板】，來建立
樓板。

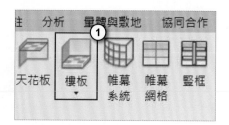

02. 選擇【點選線】繪製。

03. 點選牆面樓板邊線。

04. 再點選玻璃帷幕外側。

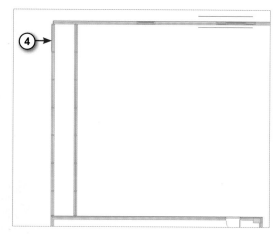

05. 遇到左下圖情況時，點擊【**修剪 / 延伸到角**】指令。

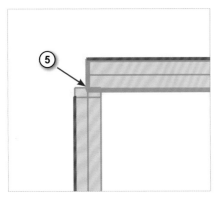

06. 依序點擊兩線段即可使線段封閉。

07. 繼續重複相同動作，選擇【**點選線**】選取牆面，並利用【**修剪 / 延伸到角**】指令封閉線段。

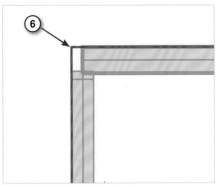

08. 遇到左下圖兩線段重疊的情況時，利用 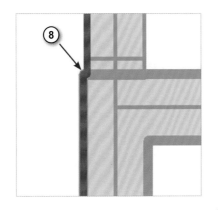 修改工具調整線段長度，完成後如右下圖。

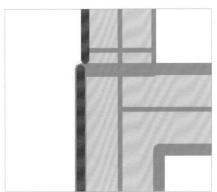

09. 再利用【 ✏ 線】繪製線段，使線段封閉無斷裂處。

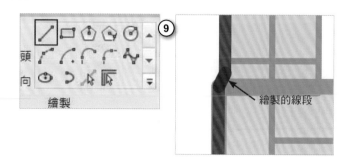

10. 遇到左下圖的情況時，利用【**修剪 / 延伸到角**】指令封閉線段。完成後如右下圖。

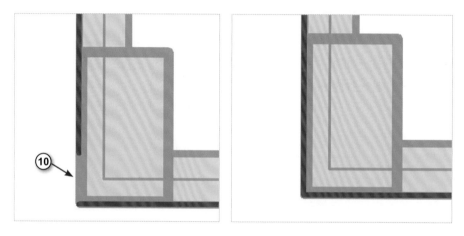

11. 遇到左下圖線段超出所需範圍時，利用【**修剪 / 延伸到角**】指令封閉線段。完成後如右下圖。

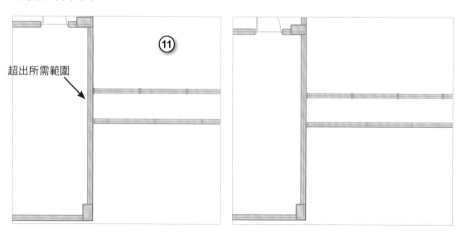

12. 完成後的草圖。

13. 點擊【 ✔ 】按鈕即可完成樓板
的繪製。

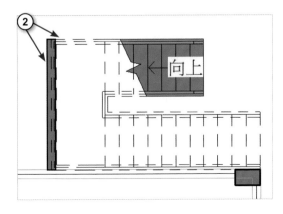

複製與鏡射

01. 沿用上一小節製作檔案或開啟範
例檔「住宅大樓 .rvt」。

02. 到【**FL1**】樓板平面圖，點
擊【**建築**】頁籤→【**牆**】，選取
【**RC 牆 15cm**】類型，高度長到
FL2，在樓梯外側建立牆面。

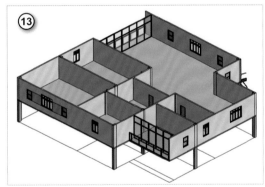

03. 利用修改工具調整牆面位置使其
對齊樓梯外側。

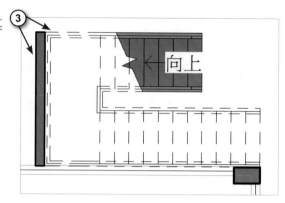

04. 到 3D 視圖選取所有的模型，並
點擊右下角 筛選器，將 cad
底圖取消勾選後點擊【確定】。

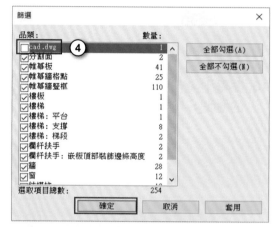

05. 點擊【 複製到剪貼簿】。

06. 點擊【貼上】→【與選取的樓層
對齊】。

07. 選擇 FL2~FL11 後按【確定】，
即可將模型貼至 2 樓 ~11 樓。
點擊【確定】。

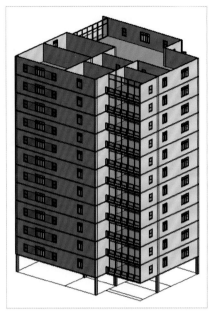

08. 切換至【FL2】樓板平面圖，點
擊【建築】頁籤→【柱線】，在
最右側牆面繪製鏡射軸。

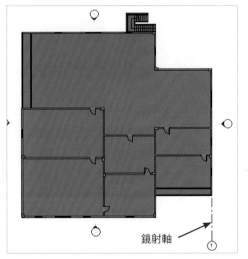

鏡射軸

09. 至 3D 視圖選取全部的模型，並
將 cad 底圖取消選取後，回到
FL2 樓板平面圖，點擊功能表
【鏡射 - 點選軸】。

10. 再點擊鏡射軸即可完成鏡射。

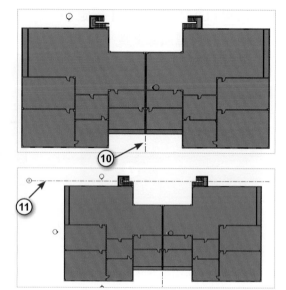

11. 繪製柱線在樓梯牆的中間作為鏡射軸。

12. 至 3D 視圖選取全部的模型，並將 cad 底圖、樓梯、欄杆、步驟 2 畫得牆皆取消選取。回到 FL2 樓板平面圖，並鏡射模型即可完成。

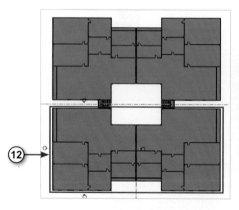

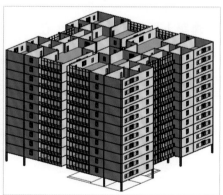

頂樓

01. 切換至 3D 視圖，並將畫面轉為
平視，框選最上層的所有東西。

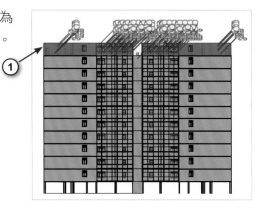

02. 點擊右下角篩選器後並將「牆」
取消勾選，點擊【確定】。

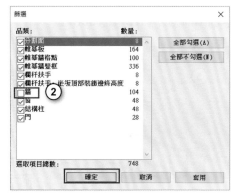

03. 點擊 Delete 刪除所選的物件，
使頂樓只剩下牆面與玻璃帷幕。

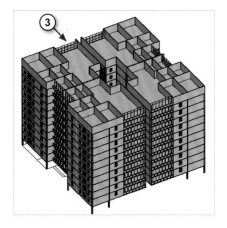

04. 刪除裡面的牆，使頂樓剩外圍的
牆面。

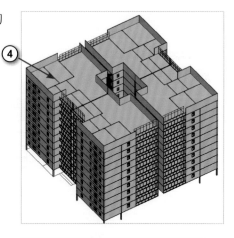

05. 選取玻璃帷幕後至性質視窗，將
玻璃帷幕改成【RC 牆 15cm】。

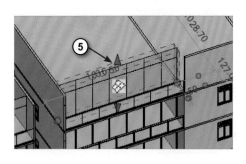

06. 至性質面板將比較矮的牆面的
【不連續高度】改為「350」。

07. 切換至 3D 視圖，並將畫面轉為
平視，框選最上層所有東西。
點擊右下角篩選器後並只勾選
「牆」，點擊【確定】。

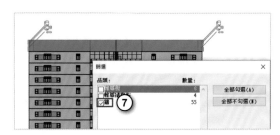

08. 至性質面板將牆面的【不連續高
度】改為「200」。

09. 切換至【R】樓板平面圖，點擊
【建築】頁籤→【牆】，繪製一矩
形作為頂樓小房子。

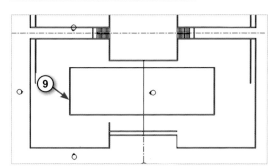

10. 切換至【南立面】圖，點擊【建
築】頁籤→【樓層】，並建立 R1
樓層。

11. 切換至【R1】樓板平面圖，在性質選項面板下的【參考底圖】→【基準樓層】設為「R」。

12. 點擊【建築】頁籤→【屋頂】，來建立屋頂。

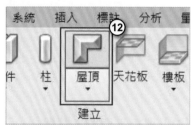

13. 選擇【矩形】繪製。

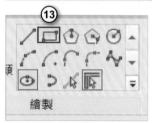

14. 繪製一個比牆面大的矩形作為屋頂。

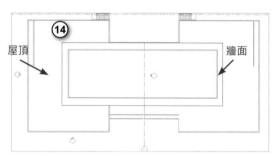

15. 將左上角【**定義斜度**】取消勾
選。繪製完後點擊【 ✔ 】按鈕
即可完成屋頂的繪製。

16. 完成後如下圖。

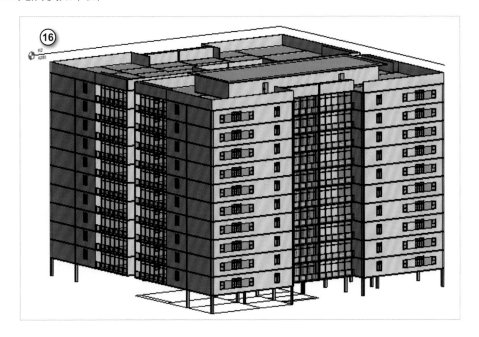

13 綜合案例：
小餐廳

13-1 小餐廳建模

餐廳桌椅

01. 使用建築樣板新建專案，專案單位設定為 cm 公分，進入樓板平面圖【FL1】，點擊【柱線】。

02. 繪製垂直柱線與水平柱線，並使其相交。

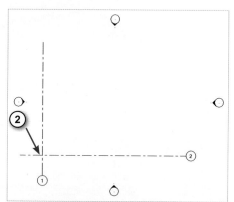

03. 繪製工具選擇【點選線】。

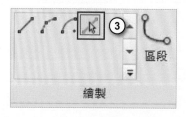

04. 並將偏移值設為「1300」。點擊垂直柱線使其往右偏移 1300。完成後如右圖。

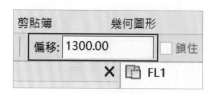

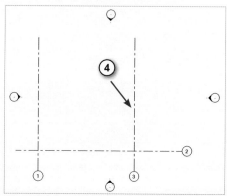

05. 將偏移值設為「1100」。點擊水
平柱線使其往上偏移 1100。完
成後如右圖。並點擊 Esc 結束
指令。

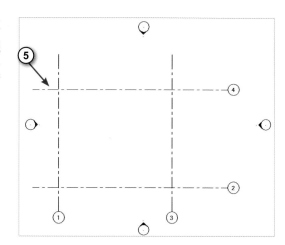

06. 點擊【建築】頁籤→【元件】。

07. 點擊【載入族群】。

08. 載入範例檔【桌】的族群，讀者
可任意挑選喜歡的桌子，選擇好
後點擊【開啟】即可。

09. 在柱線所圍成的矩形內將桌子放至適當處，點擊 Esc 結束指令。

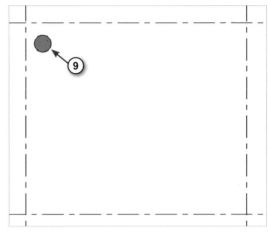

10. 利用上述方式插入椅子，並點擊 Esc 結束指令。

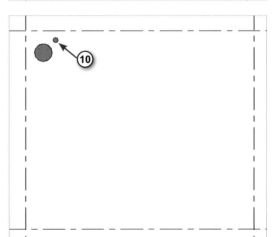

11. 選取椅子後點擊【陣列】。

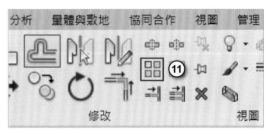

12. 點擊【 逐向 】，使陣列模式為環形陣列。

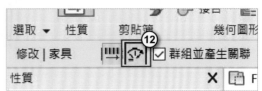

13. 點擊【位置】設定旋轉中心。

14. 點擊桌子的中心點，即可將環形
陣列中心點設為桌子中心。

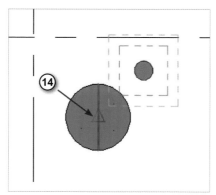

並將【項目數目】設為「4」，
【角度】設為「360」。

15. 點擊 Enter 鍵盤即可完成陣列，
並點擊 Esc 結束指令。

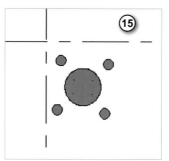

16. 選取所有的椅子與桌子，並點擊
【陣列】。

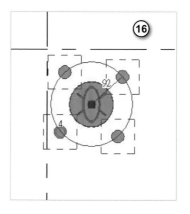

17. 點擊【  線性】使陣列模式為
    線性陣列。並將【項目數目】設
    為「4」。

18. 點擊虛線內任意位置作為移動基
    準點。

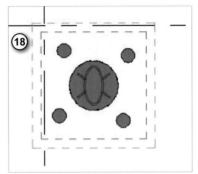

19. 垂直往下移動至適當位置後，點
    擊滑鼠左鍵。

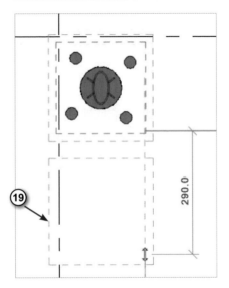

20. 即可完成。

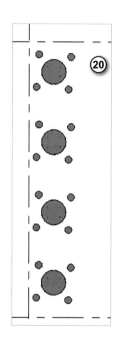

牆面

01. 點擊【牆】來建立牆面。

02. 繪製工具選擇【矩形】。

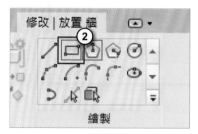

03. 依據柱線圍成的矩形繪製牆面。

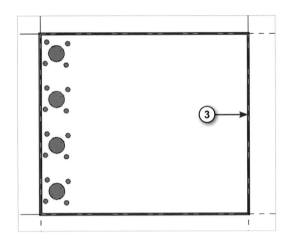

04. 繪製工具選擇【線】。

05. 在距離上方牆面 100 的地方 (如左下圖) 往左繪製 400 的牆面 (如右下圖)。

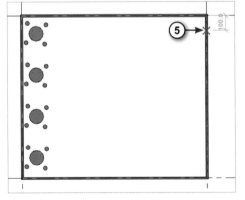
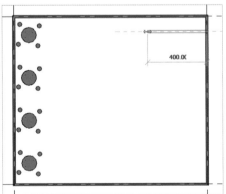

06. 往下繪製 900 的牆面後，往右繪
製 400 的牆面即可。

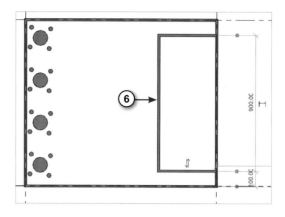

07. 在距離上方牆面 100 的地方 (如左下圖) 往左繪製 600 的牆面 (如右下圖)。

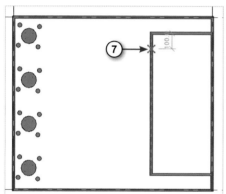
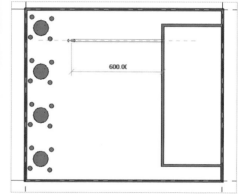

08. 往下繪製 700 的牆面後，往右繪
製 600 的牆面即可。並點擊 Esc
結束指令。

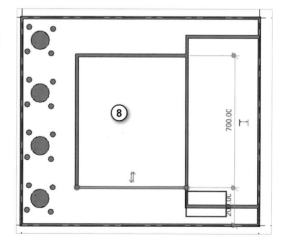

09. 選取左下圖所示的三個牆面，到性質面板將【頂部約束】設為「未連接」，【不連續高度】設為「120」點擊套用，即可將牆面改為 120。其他的牆面，【頂部約束】皆設為 FL2。

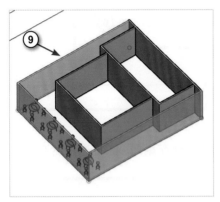

10. 選取下圖所示的三個牆面，到性質面板將基本牆設為「帷幕牆 -150x250cm」。

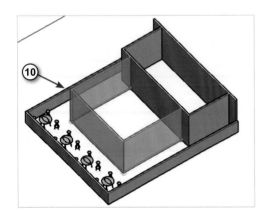

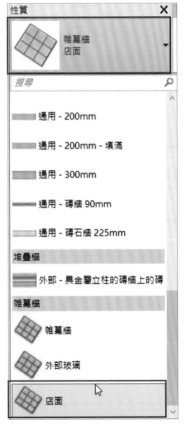

11. 選取帷幕牆的其中一個豎框。

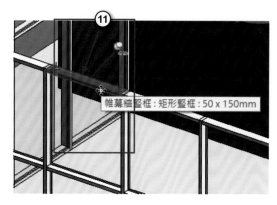

12. 到性質面板點擊【**編輯類型**】。

13. 開啟類型性質面板後點擊【**更名**】。

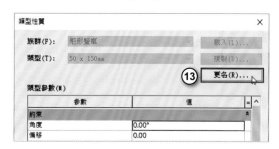

14. 將名稱設為「50 x 100mm」後點擊【**確定**】。

15. 將厚度設為「10」後,點擊【確定】。

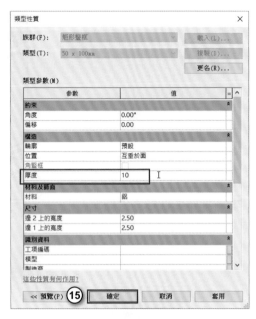

16. 完成。

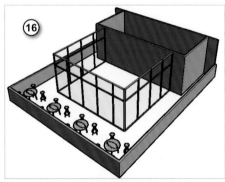

17. 選取轉角的豎框解鎖圖釘,按 Delete 鍵刪除。

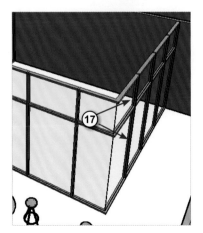

18. 點擊【**建築**】頁籤→【**豎框**】。
到性質面板將豎框設為「梯形－
鋁擠型料」。

19. 到性質面板點擊【**編輯類型**】。
開啟類型性質面板。

20. 將中心寬度設為「20」、深度設
為「10」。點擊【**確定**】。

21. 點擊帷幕牆轉角即可完成。

參考平面

01. 進入樓板平面圖【**FL1**】，點擊
【建築】頁籤→【參考平面】。

02. 在右側牆面中點往左繪製參考線
並命名為 a。

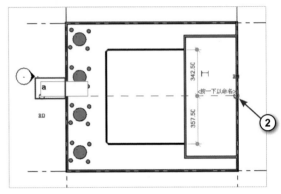

03. 在牆面右側繪製垂直參考線並命
名為 b。點擊 Esc 結束指令。

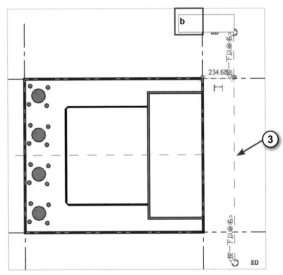

04. 點擊【建築】頁籤→【設定】開
啟工作平面面板。

05. 將名稱設為「**參考平面：a**」後
點擊【**確定**】。選取【**立面圖：
南**】的視圖來繪製。點擊【**確
定**】。

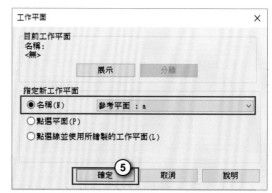

06. 點擊【建築】頁籤→【元件】。

07. 將模式設為「**模型內建**」。

08. 將族群品類設為「**樓板**」後點擊
【**確定**】。自行命名後按【**確定**】。

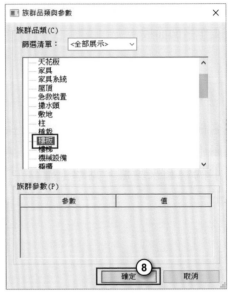

09. 點擊【建立】頁籤 →【擠出】。

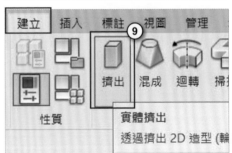

10. 繪製工具選擇【線】。依據右圖
標示繪製線段。

11. 繪製工具選擇【圓角弧】。先選擇上方紫色線段，再選擇右方紫色線段。

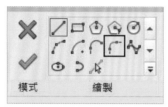 

12. 將滑鼠往內移動並點擊左鍵，製作出弧形線段。

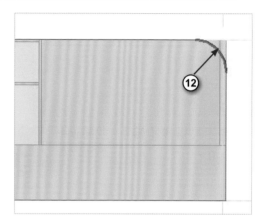

13. 依據上述方式，將下方線段改為弧形。

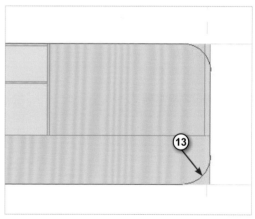

14. 繪製工具選擇【點選線】，將【偏移】設為 30。

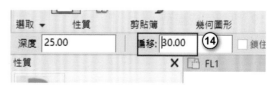

15. 點擊弧形線段使其往外偏移30。

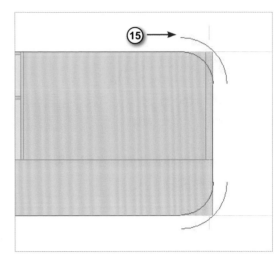

16. 繪製工具選擇【線】，並將偏移設為0。

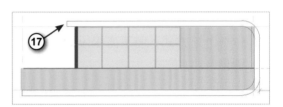

17. 繪製線段使其為封閉曲線。完成後如右圖紫色線段。

18. 點擊完成編輯模式。

19. 點擊完成模型。

20. 切換至 3D 視圖，可以看到繪製的 U 形牆面。

21. 拖曳牆面左右兩側藍色箭頭可以改變牆面寬度。

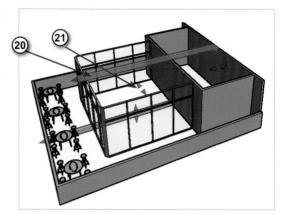

22. 完成後如右圖。

修剪牆面

01. 選擇右圖所示的三面牆。

02. 點擊下方【暫時隱藏／隔離】→【隔離元素】。

03. 點擊視圖方塊的「**前**」，使視角
切換至前視圖。

04. 點擊中間牆面兩下，進入編輯模
式。

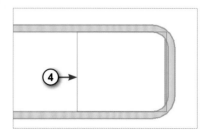

05. 繪製工具選擇【**點選線**】，選擇
右圖所示的三條藍色線段。

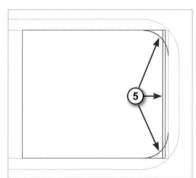

06. 將最右側藍色線段刪除。

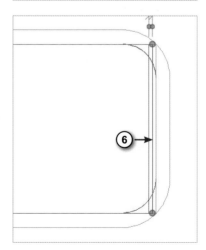

07. 點擊修改箭頭 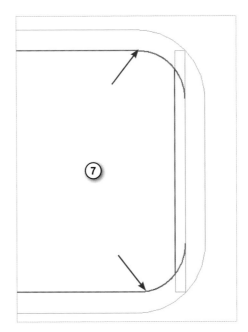 後，將上下兩
段線段縮短至與弧形對齊。完成
後如右圖。

08. 拖曳弧形線段的端點使其對齊垂
直線段。完成後如右圖。

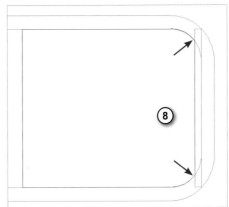

09. 點擊【 ✓ 】即可完成編輯。

10. 點擊下方【暫時隱藏／隔離】→
【重製暫時隱藏／隔離】。

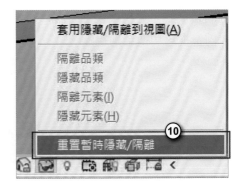

11. 另外一面牆也是依據上述做修剪即可完成。

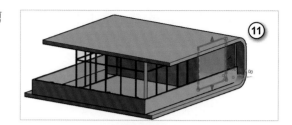

12. 選取右圖所示的牆面後點擊下方【暫時隱藏／隔離】→【隔離元素】。

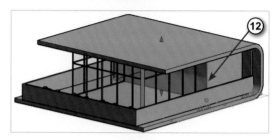

13. 點擊【建築】頁籤→【開口】→【牆】。

14. 在牆面上繪製矩形製作開口。完成後點擊下方【暫時隱藏／隔離】→【重置暫時隱藏／隔離】。

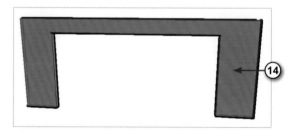

15. 選取右圖所示的牆面，點擊兩下進入編輯模式，並點擊視圖方塊的「前」視角切換至前視圖。

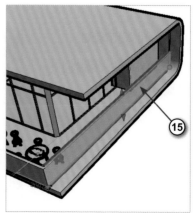

16. 拖曳牆面右側線段，使牆面變
短，完成後如右圖紫色線段。

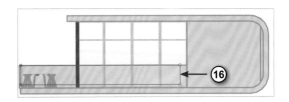

17. 點擊【 ✅ 】即可完成編輯。

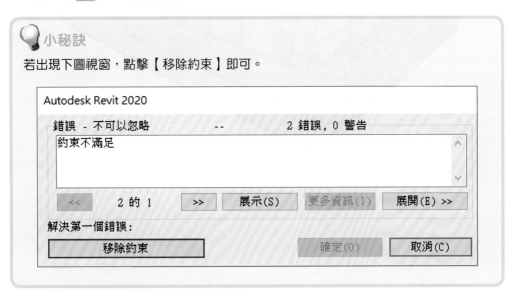

小秘訣
若出現下圖視窗，點擊【移除約束】即可。

18. 另一側牆面也是依據上述做法修改牆面大小。

小秘訣
修改另一側牆面時可切換至線架構模式，方便對齊已修改好的牆面。

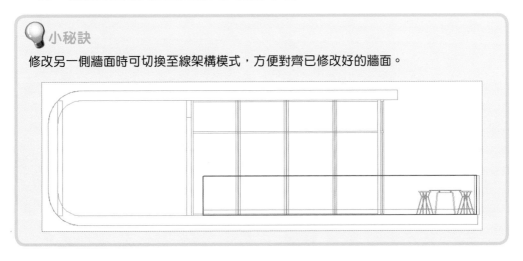

19. 完成後如下圖。

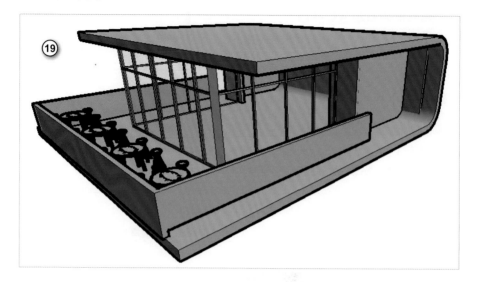

14 量體建立

▶

經過前面的學習歷程,不難發現 Revit 在建立曲面造型牆面的難度,此時需要倚靠量體建模,量體是一種空間中的體積塊,像是堆積木一般,可以更自由的變更外形,本章會介紹量體的建模方式。

14-1 量體建模概念

14-1 量體建模概念

內建量體

01. 點擊頁籤【量體與敷地】→【依
視圖設定展示量體】。

02. 點擊【內建量體】。

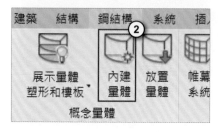

03. 命名完成後點擊【確定】。

04. 利用【矩形】繪製模式任意繪製
矩形。

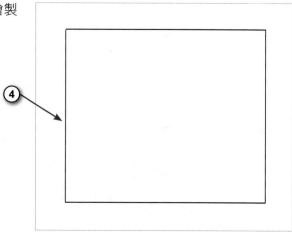

05. 利用【圓角弧】繪製模式將矩形
四個角改為圓角。

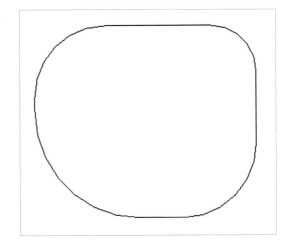

06. 選取圓角矩形後點擊【建立塑
形】。

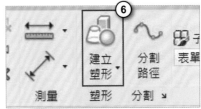

07. 切換至 3D 模式可以發現圓角矩
形變為立體的。

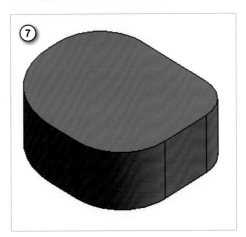

08. 點擊【在面上繪製】。

09. 在上方利用矩形繪製出適當大小
的矩形如右圖所示。

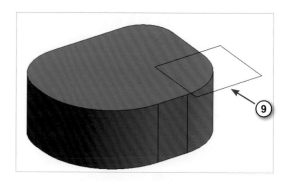

10. 選取矩形後點擊【建立塑形】→
【空心形式】。

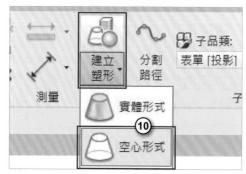

11. 可以發現出現一個橘色的矩形。
拖曳藍色箭頭可以更改橘色矩形
高度。

12. 點擊 完成量體。可以發現圓
角矩形被橘色的矩形挖空了。

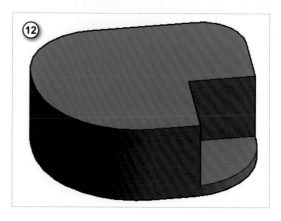

13. 進入量體編輯模式。點擊線段並
拖曳箭頭可以改變量體形狀。

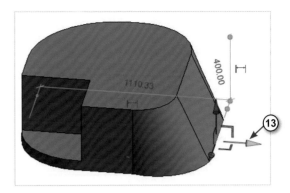

14. 也可以拖曳上方的面使量體變
高。完成後點擊完成量體。

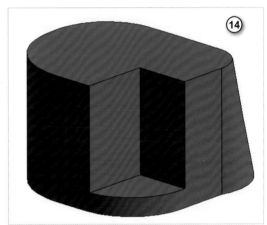

15. 點擊頁籤【量體與敷地】→【帷
幕系統】。

16. 在性質面板選擇「150x250cm」。

17. 點擊【編輯類型】。

18. 點擊【複製】。

19. 將名稱命名為「50x350 cm」。
點擊【確定】。

20. 將【網格1】的【間距】設為「50」。【網格2】的【間距】設為「350」。點擊【確定】。

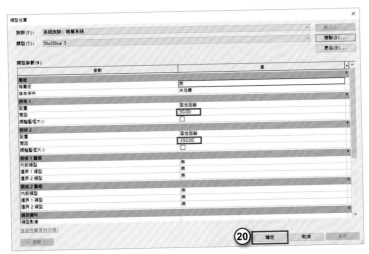

21. 選取量體所有側邊的面。

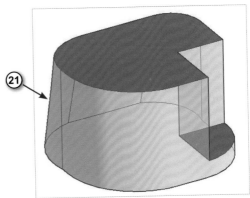

22. 點擊【建立系統】即可完成。

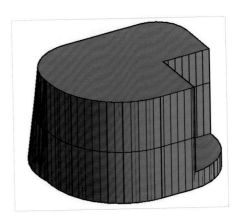

新建量體

01. 點擊【檔案】→【新建】右邊三角形 →【概念量體】。

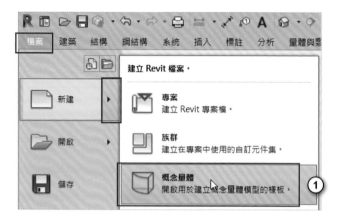

02. 選取【公制量體 .rft】，按下【開啟】。

03. 選取矩形與線的繪製工具，繪製一個矩形與線，如下圖。

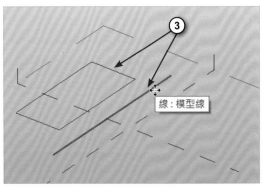

04. 選取矩形與線，按下【建立塑形】→【實體形式】，矩形會繞著線段旋轉一圈形成一個立體造型。

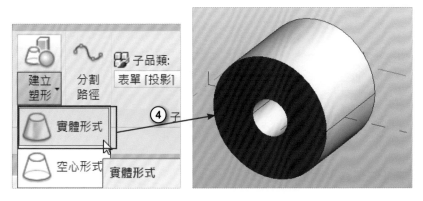

05. 切換到南立面圖。

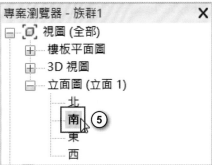

06. 點擊【平面】，使用【線】的繪製工具。

07. 繪製一條參考平面。

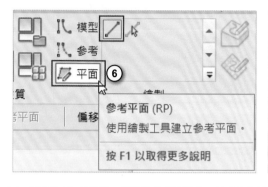 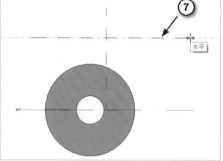

08. 回到 3D 視圖，選擇【模型】，使用【矩形】的繪製工具。先在下方平面繪製矩形。

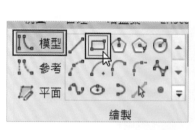 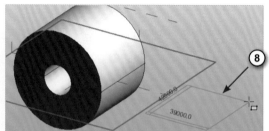

09. 切換為【在工作平面上繪製】。

10. 按下【設定】，選取上面的平面。

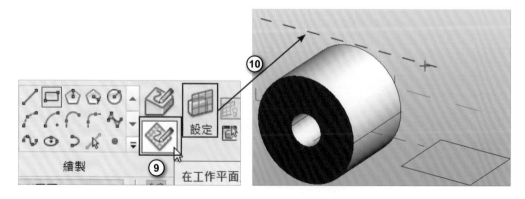

11. 在此平面上繪製不同大小的矩形。

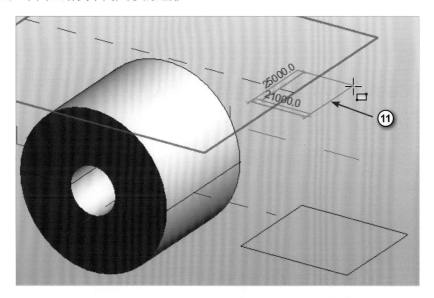

12. 選取兩個矩形，按下【**建立塑形**】→【**實體形式**】，可以做出兩矩形連接的造型。

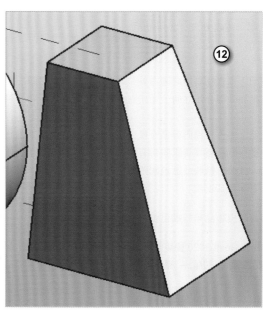

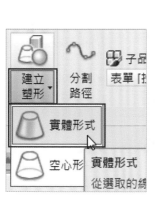

Autodesk Revit 2020 建築設計入門與案例實作

作　　　者：邱聰倚 / 姚家琦 / 劉庭佑
企劃編輯：王建賀
文字編輯：江雅鈴
設計裝幀：張寶莉
發 行 人：廖文良

發 行 所：碁峰資訊股份有限公司
地　　　址：台北市南港區三重路 66 號 7 樓之 6
電　　　話：(02)2788-2408
傳　　　真：(02)8192-4433
網　　　站：www.gotop.com.tw
書　　　號：AEC010200
版　　　次：2020 年 12 月初版
建議售價：NT$520

國家圖書館出版品預行編目資料

Autodesk Revit 2020 建築設計入門與案例實作 / 邱聰倚, 姚家琦, 劉庭佑著. -- 初版. -- 臺北市：碁峰資訊, 2020.12
　　面； 公分
　　ISBN 978-986-502-652-3(平裝)
　　1.建築工程　2.電腦繪圖　3.電腦輔助設計
440.3029　　　　　　　　　　　　　　　　109016945

讀者服務

● 感謝您購買碁峰圖書，如果您對本書的內容或表達上有不清楚的地方或其他建議，請至碁峰網站：「聯絡我們」\「圖書問題」留下您所購買之書籍及問題。(請註明購買書籍之書號及書名，以及問題頁數，以便能儘快為您處理)
http://www.gotop.com.tw

● 售後服務僅限書籍本身內容，若是軟、硬體問題，請您直接與軟體廠商聯絡。

● 若於購買書籍後發現有破損、缺頁、裝訂錯誤之問題，請直接將書寄回更換，並註明您的姓名、連絡電話及地址，將有專人與您連絡補寄商品。